21世纪高等学校规划教材 | 软件工程

软件文档写作与管理

陈长清　主编

清华大学出版社

北京

内 容 简 介

社会的发展对软件工程师提出了越来越高的要求,不仅要求他们具备良好的知识背景、较强的动手能力,还要求他们具有很好的沟通与表达能力。从培养和训练软件工程师的书面沟通能力这一主旨出发,本书介绍了软件技术文档撰写的基本原则、常用的文档类型,以及收集信息和书写文档的策略,以便使读者能按照标准的格式恰当地使用表格、图和参考文献等,书写出清晰、简明和准确的技术文档和个人总结,并能评审书面文档以发现各种问题。本书要求读者具备一定的软件工程知识。

图书在版编目(CIP)数据

软件文档写作与管理/陈长清主编. —北京:清华大学出版社,2017(2022.1 重印)

(21 世纪高等学校规划教材·软件工程)

ISBN 978-7-302-39140-1

Ⅰ.①软… Ⅱ.①陈… Ⅲ.①软件工程-应用文-写作 ②软件工程-电子档案-档案管理 Ⅳ.①TP311.5

中国版本图书馆 CIP 数据核字(2015)第 017734 号

责任编辑:魏江江 薛 阳
封面设计:傅瑞学
责任校对:白 蕾
责任印制:宋 林

出版发行:清华大学出版社
　　网　　　址:http://www.tup.com.cn,http://www.wqbook.com
　　地　　　址:北京清华大学学研大厦 A 座　　　　　　邮　　编:100084
　　社　总　机:010-62770175　　　　　　　　　　　　邮　　购:010-83470235
　　投稿与读者服务:010-62776969,c-service@tup.tsinghua.edu.cn
　　质量反馈:010-62772015,zhiliang@tup.tsinghua.edu.cn
　　课件下载:http://www.tup.com.cn,010-83470236
印　装　者:北京嘉实印刷有限公司
经　　　销:全国新华书店
开　　　本:185mm×260mm　　　印　　张:13.5　　　字　　数:318 千字
版　　　次:2017 年 2 月第 1 版　　　　　　　　　　　印　　次:2022 年 1 月第 8 次印刷
印　　　数:9001～10500
定　　　价:29.00 元

产品编号:040459-01

出版说明

随着我国改革开放的进一步深化，高等教育也得到了快速发展，各地高校紧密结合地方经济建设发展需要，科学运用市场调节机制，加大了使用信息科学等现代科学技术提升、改造传统学科专业的投入力度，通过教育改革合理调整和配置了教育资源，优化了传统学科专业，积极为地方经济建设输送人才，为我国经济社会的快速、健康和可持续发展以及高等教育自身的改革发展做出了巨大贡献。但是，高等教育质量还需要进一步提高以适应经济社会发展的需要，不少高校的专业设置和结构不尽合理，教师队伍整体素质亟待提高，人才培养模式、教学内容和方法需要进一步转变，学生的实践能力和创新精神亟待加强。

教育部一直十分重视高等教育质量工作。2007 年 1 月，教育部下发了《关于实施高等学校本科教学质量与教学改革工程的意见》，计划实施"高等学校本科教学质量与教学改革工程（简称'质量工程'）"，通过专业结构调整、课程教材建设、实践教学改革、教学团队建设等多项内容，进一步深化高等学校教学改革，提高人才培养的能力和水平，更好地满足经济社会发展对高素质人才的需要。在贯彻和落实教育部"质量工程"的过程中，各地高校发挥师资力量强、办学经验丰富、教学资源充裕等优势，对其特色专业及特色课程（群）加以规划、整理和总结，更新教学内容、改革课程体系，建设了一大批内容新、体系新、方法新、手段新的特色课程。在此基础上，经教育部相关教学指导委员会专家的指导和建议，清华大学出版社在多个领域精选各高校的特色课程，分别规划出版系列教材，以配合"质量工程"的实施，满足各高校教学质量和教学改革的需要。

为了深入贯彻落实教育部《关于加强高等学校本科教学工作，提高教学质量的若干意见》精神，紧密配合教育部已经启动的"高等学校教学质量与教学改革工程精品课程建设工作"，在有关专家、教授的倡议和有关部门的大力支持下，我们组织并成立了"清华大学出版社教材编审委员会"（以下简称"编委会"），旨在配合教育部制定精品课程教材的出版规划，讨论并实施精品课程教材的编写与出版工作。"编委会"成员皆来自全国各类高等学校教学与科研第一线的骨干教师，其中许多教师为各校相关院、系主管教学的院长或系主任。

　　按照教育部的要求，"编委会"一致认为，精品课程的建设工作从开始就要坚持高标准、严要求，处于一个比较高的起点上；精品课程教材应该能够反映各高校教学改革与课程建设的需要，要有特色风格、有创新性（新体系、新内容、新手段、新思路，教材的内容体系有较高的科学创新、技术创新和理念创新的含量）、先进性（对原有的学科体系有实质性的改革和发展，顺应并符合 21 世纪教学发展的规律，代表并引领课程发展的趋势和方向）、示范性（教材所体现的课程体系具有较广泛的辐射性和示范性）和一定的前瞻性。教材由个人申报或各校推荐（通过所在高校的"编委会"成员推荐），经"编委会"认真评审，最后由清华大学出版社审定出版。

　　目前，针对计算机类和电子信息类相关专业成立了两个"编委会"，即"清华大学出版社计算机教材编审委员会"和"清华大学出版社电子信息教材编审委员会"。推出的特色精品教材包括：

　　（1）21 世纪高等学校规划教材·计算机应用——高等学校各类专业，特别是非计算机专业的计算机应用类教材。

　　（2）21 世纪高等学校规划教材·计算机科学与技术——高等学校计算机相关专业的教材。

　　（3）21 世纪高等学校规划教材·电子信息——高等学校电子信息相关专业的教材。

　　（4）21 世纪高等学校规划教材·软件工程——高等学校软件工程相关专业的教材。

　　（5）21 世纪高等学校规划教材·信息管理与信息系统。

　　（6）21 世纪高等学校规划教材·财经管理与应用。

　　（7）21 世纪高等学校规划教材·电子商务。

　　（8）21 世纪高等学校规划教材·物联网。

　　清华大学出版社经过三十多年的努力，在教材尤其是计算机和电子信息类专业教材出版方面树立了权威品牌，为我国的高等教育事业做出了重要贡献。清华版教材形成了技术准确、内容严谨的独特风格，这种风格将延续并反映在特色精品教材的建设中。

清华大学出版社教材编审委员会
联系人：魏江江
E-mail：weijj@tup. tsinghua. edu. cn

前　言

　　软件文档随着软件的产生而产生，随着软件工程的提出和发展而不断得到规范，并且软件文档也成为软件工程各个阶段里程碑的重要标志之一。但在实际软件开发过程中，由于人为因素以及时间和成本的限制，导致软件文档资料通常既不完整也不合格，进而对软件开发和后期维护造成影响。

　　本书旨在将软件工程的基础理论、实践和文档写作紧密结合，以提供一个统一分层的软件文档写作体系；将有关软件工程理论、软件文档写作方法的叙述、分析和应用有机地结合，使之形成一个较完整的软件文档写作方法体系；对软件文档管理给予系统的介绍，从而充实和丰富传统的软件文档写作。

　　本书是作者十多年来从事软件工程教学、理论与实践研究的学习心得和工作总结，且汇入了一些企业的软件文档规范和阅读国内外大量相关著作和论文的体会。它以分析的观点、实践的角度，站在开发与应用的立场来进行讨论，希望不仅说明软件文档"是什么"，还进一步分析"为什么"，且讨论"如何做"，使读者不仅能"知其然"，还能"知其所以然"，懂得"如何应用"。它不仅包括了软件工程各个阶段的文档，还从质量保证和配置管理的角度说明对文档的管理。

　　全书共分10章，第1章介绍软件工程基础以及软件文档和软件过程之间的关系；第2章介绍项目规划类文档写作，包括商业计划书、可行性研究报告、项目方案书和项目开发计划等；第3章介绍需求类文档写作，主要涉及需求规格说明书；第4章介绍设计类文档写作，包括架构文档、概要设计说明书、详细设计说明书、数据库设计说明书和界面设计文档等；第5章介绍测试类文档写作，包括测试用例、测试计划和测试分析报告；第6章介绍项目结束类文档，包括用户培训计划、用户手册、产品手册和项目总结报告等；第7章介绍项目管理过程类文档，包括项目风险管理、时间进度管理、估算管理和项目的月报与周报等；第8章介绍质量保证相关文档；第9章介绍软件文档配置管理的方案，对软件文档进行版本控制；第10章介绍企业软件文档的管理；最后是附录，给出了若干软件文档的模板供读者参考。

　　本书在编写过程中力求语言通俗易懂，文字简洁明了，便于自学者阅读,除可作为高校计算机专业和软件工程专业的教材外,也可供从事计算机工作的工程技术人员及其他自学者参考。

本书的手稿已在软件学院对本科生和研究生讲授了多次,他们有的阅读了原讲义,并提出过意见。

对于书中的许多内容,作者的多届研究生、本科生曾从各个不同的方面、以不同的形式做了许多工作。在此,一并向他们表示诚挚的谢意。

诚如前面所说,书中的许多方面是作者的学习与实践体会,有的内容是作者的研究心得,再加之作者才学疏浅,水平与能力有限,因此书中见仁见智之说、不妥或不足之处,恐在所难免,切盼学术界同仁、软件从业人员和各方读者不吝赐教。

作　者

2016 年 8 月

目 录

第 1 章

软件工程基础

本章主要介绍软件工程的基础知识,包括软件的定义、软件工程的产生及软件过程;本章还说明了软件过程中撰写文档的必要性以及需要撰写的文档。

1.1 软件与软件工程

1.1.1 软件定义与软件特点

软件是计算机系统中与硬件相互依存的另一部分,它是包括程序、数据及其相关文档的完整集合。其中,程序是按事先设计的功能和质量要求编写的指令序列;数据是让程序能正常操纵信息的数据结构;文档是与程序开发、维护和使用有关的图文材料。程序并不就是软件,程序只是软件的一个组成部分。

(1) 软件定义由以下三部分组成:

① 在运行中能提供所希望的功能和质量的指令集(即程序)。

② 使程序能够正确运行的数据结构。

③ 描述程序研制过程、方法所用的文档。

(2) 软件的特点可归纳如下:

① 软件是一种逻辑实体,而不是具体的物理实体,因而具有抽象性。

② 软件是通过人们的智力活动,把知识与技术转化成信息的一种产品,是通过设计和实现被创造出来的。

③ 在软件的运行和使用期间,没有硬件那样的机械磨损和老化问题。

④ 软件的开发和运行受到计算机系统的限制,对计算机系统有着不同程度的依赖性。软件的开发和运行必须以硬件条件为基础。

⑤ 软件的开发至今尚未完全摆脱手工开发的方式。

⑥ 软件越来越复杂,开发费用越来越高。

⑦ 受需求、开发技术、开发方法、工具和自身结构等改变的影响,软件还具有易变性。

1.1.2 软件危机与软件工程

软件危机指的是软件开发和维护过程中遇到的一系列严重问题。

1. 软件危机的表现

(1) 软件产品不符合用户的实际需要。

(2) 软件生产率提高的速度远远不能满足客观需要,软件生产率远远低于硬件生产率和计算机应用的增长,使人们不能充分利用计算机硬件提供的巨大潜力。

(3) 软件产品的质量差。

(4) 对软件开发成本和进度的估计常常不准确。

(5) 软件的可维护性差。

(6) 软件文档资料通常既不完整也不合格。

(7) 软件价格昂贵,软件成本在计算机系统总成本中所占的比例不断上升。

2. 产生软件危机的原因

(1) 软件不同于硬件,它是计算机系统中的逻辑部件而不是物理部件。在写出程序代码并在计算机上运行之前,很难检验程序的正确性,而且软件开发的质量也较难评价。

(2) 软件规模越来越庞大。

(3) 开发人员和管理人员只重视开发而轻视问题的定义,使软件产品无法满足用户的需求。

(4) 软件管理技术不能满足软件开发的需要,缺乏统一的软件质量管理规范。

(5) 在软件的开发与维护关系问题上存在错误的理解。

3. 软件工程的产生

虽然软件本身独有的特点给开发和维护带来了一些困难,但是人们在开发和使用计算机系统的长期实践中,也积累和总结出了许多成功的经验。软件工程是指导计算机软件开发和维护的工程学科,它采用工程的概念、原理、技术和方法来开发与维护软件,把经过时间检验而证明正确的管理手段和各种技术方法结合起来,这就是软件工程。软件工程是研究软件架构、软件设计与维护方法、软件工具与环境、软件工程标准与规范、软件开发技术与管理手段的相关理论。

1993 年美国《IEEE 软件工程标准术语》对软件工程的定义为:把系统的、规范的、可量度的途径应用于软件开发、运行和维护过程,也就是把工程应用于软件。其中"软件"的定义为:计算机程序、方法、规则、相关的文档资料以及在计算机上运行时所必需的数据。美国著名软件工程专家勃姆(B. W. Boehm)在总结软件工程准则和信条的基础上,提出了软件工程的 7 条基本原则,也是软件项目管理应该遵循的原则。勃姆认为,这 7 条原则是确保软件产品质量和开发效率的原理的最小集合,相互独立但结合得相当完备。

（1）用分阶段的生存周期计划严格管理。

（2）坚持进行阶段评审。

（3）实行严格的产品控制。

（4）采用现代软件设计技术。

（5）结果应能清楚地审查。

（6）合理安排软件开发小组的人员。

（7）不断改进软件工程实践。

4．软件工程的基本目标

（1）提供定义良好的方法学，在生存周期内按计划开发维护整个软件。

（2）确定软件组成，用软件文档记录软件生存周期每一步，按步骤显示轨迹。

（3）提供可预测的结果，在生存周期中每隔一定时间可以进行复审。

（4）以较少投资获得易维护、易理解、可靠、高效率的软件产品。

5．软件工程的原则

为了开发出低成本高质量的软件产品，软件工程遵守以下基本原则。

1）分解

分解是人们在认识客观事物过程中使用的一种基本思维方法，它把事物分解成多个部分、方面、属性、要素、阶段等，分别加以思考和认识。

2）独立性

隐藏分解得到每部分的内部细节，使各部分相互之间只呈现它的外部特征，使各部分相对简单化，也保证各部分自身具有相对独立性。

3）一致性

对类似的问题用类似的方法解决，保持风格的一致性。

4）确定性

所给解决方案能够满足各种需求和运行环境的要求。

5）抽象性

抽象是抽取出同类事物本质特征而舍弃非本质特征的思维过程。抽象与模型有密切的联系，模型是对事物抽象的反映，在软件工程中大量使用到模型方法。

6．软件生命期与软件开发模型

一个软件从定义到开发、运行和维护，直到最终废弃，要经历一个较长的时期，通常把软件所经历这个时期称为生命期。软件生命期就是从提出软件产品开始，直到该软件产品被淘汰的全过程。

软件工程采用的生命期方法就是从时间角度对软件的开发与维护这个复杂问题进行分解，将软件生存时期分为若干阶段，每个阶段都有其相对独立的任务，然后逐步完成各个阶段的任务。

软件生命期可以分为三个大的阶段：计划阶段、开发阶段和维护阶段。

1) 计划阶段

软件计划阶段主要解决软件要"做什么"的问题，也就是要确定软件的处理对象、软件的上下文环境、软件与外界的接口、软件的功能、软件的质量以及有关的约束和限制。软件计划阶段通常可分为可行性分析、项目计划和需求分析等阶段。可行性分析阶段的任务是确定待开发软件的总体要求和适用范围，初步的技术方案以及与之有关的硬件和支撑软件的要求，也可以包含项目开发的初步实施计划等。项目计划的任务是确定待开发软件的目标，并对资源分配、进度安排等做出合理的计划。需求分析的任务是确定待开发软件的功能、质量、数据和界面等要求，从而确定系统的逻辑模型。该阶段产生的主要文档是需求规格说明书。

2) 开发阶段

软件开发阶段主要解决软件"怎么做"的问题，包括软件架构的设计、概要设计、详细设计、数据结构设计、算法设计、编写程序和测试，最后得到可交付使用的软件。软件开发阶段通常可分成软件设计、编码、软件测试等阶段。软件设计通常还可分成架构设计、概要设计和详细设计。架构设计的任务是确定软件结构、模块功能和模块的接口，以及数据结构的设计；概要设计解决模块内部的交互设计，形成模块中核心类以及类的接口定义，或者形成子模块的划分；详细设计的任务是设计每个模块的实现细节和局部数据结构。设计阶段产生的文档有设计说明书，包括架构设计说明书、概要设计说明书和详细设计说明书。编码的任务是用某种程序语言为每个模块编写程序，产生的文档有程序清单。软件测试的任务是发现软件中的错误，并加以纠正，产生的文档有软件测试计划和软件测试报告。

3) 维护阶段

软件维护阶段的任务就是为使软件适应外界环境的变化，进一步实现软件功能的扩充和质量的改善而修改软件。该阶段产生的文档有维护计划和维护报告。

为了反映软件生命期内各种工作应如何组织及软件生命期各个阶段应如何衔接，需要用软件开发模型给出直观的图示表达。软件开发模型是软件工程思想的具体化，是把软件开发实践中总结出来的软件开发方法和步骤实施于过程模型中，是跨越整个软件生存周期的关于系统开发、运行、维护所实施的全部工作和任务的结构框架。软件开发模型包括：

(1) 瀑布模型；

(2) 螺旋模型；

(3) 迭代模型；

(4) 原型模型；

(5) 构件组装模型；

(6) 混合模型。

1.2　软件过程

把对软件开发活动的组织、规范和管理称为软件过程。软件过程分为可行性分析、需求分析、架构设计、概要设计、详细设计、编码、测试和运行维护等主要阶段。

1.2.1 瀑布模型对应的软件过程

瀑布模型对应的软件过程包括以下几个主要的阶段。

1. 概念或问题定义

在这一阶段,问题的定义由客户提供。

2. 可行性分析

初步探索可能的解决方案、技术等,评估能否按照可靠的时间表进行交付,制作初步的项目计划和预算,对风险进行分析。

3. 业务需求

业务需求必须文档化,功能性或非功能性的需求也应该收集到。

4. 详细的需求和系统分析

在需求上与客户或用户形成理解并达成一致,更多的细节将被加入需求文档中。

5. 系统设计

把系统分割成子系统或模块,将需求转换成技术解决方案,这些设计必须足够详细到能够进行编码及测试。

6. 编码及单元测试

开发人员对各子系统或模块进行编码及单元测试。

7. 集成测试

各子系统或模块被收集到一起,执行集成测试。

8. 系统测试

一个完整的系统在开发环境中进行基于需求的测试。

9. 用户测试

客户或用户在商业环境中,对系统进行验证。

10. 系统运行

系统被投入使用。

11. 维护

修改错误或缺陷,适应新的软硬件平台,提高客户或用户对系统的认同。

1.2.2 以架构为核心的软件过程

受传统瀑布开发模型的影响,人们很容易认为软件开发过程是个流水线。但软件开发的实践表明,软件开发过程实际上是一个迭代的过程,迭代可以发生在不同阶段之间,各阶段之间存在着复杂的反馈关系,不可能是流水线式的。而且软件开发过程有一个围绕的核心,那就是架构,或者说架构服务于整个开发过程,以架构为核心的软件过程可分为以下几个阶段。

1. 项目可行性分析

此阶段首先要对问题进行定义,说明市场前景和应用对象,这样才有开发项目的必要,这是创建并限制未来需求的重要一步。可行性分析包括经济、技术和法律可行性。对系统定价、要多长时间多少人、花多大成本、与其他系统是否有关联等做出判断,并制订出项目的开发计划。

2. 需求分析

需求分析的基本任务是准确地回答"系统必须做什么"这个问题,而不是确定系统如何完成它的工作,也就是对目标系统提出完整、准确、清晰、具体的要求。需求分析所要做的工作是描述软件的功能、质量和限制条件,有很多获取涉众需求的技巧,例如,借助用例表示系统的功能,通过领域分析了解类似系统的做法,利用原型给用户真实的体验等。软件工程的实践表明,需求阶段无法弄清全部需求,必须借助架构设计来回馈用户并确认需求。

3. 架构设计

在架构设计阶段,要按一定的设计原则划分子系统和组件,确定它们之间的相互作用。在架构设计时,要使架构反映重要的需求,适应预期的变化,对系统期望的质量指标进行权衡。架构设计成果必须文档化,并保证具有不同背景的涉众都能理解。在此基础上,涉众才可能与架构师交流,表达他们的真实想法。架构设计虽然是按需求进行的,但设计会导致对需求的再确认,从而可能引起需求的改变,因此架构设计和需求分析之间需要迭代。

4. 概要设计和详细设计

系统架构确定以后,要组织开发团队完成概要设计和详细设计。概要设计的目的是为软件架构中各个子系统和组件(模块)确定类与接口,详细设计的目的是为各个组件(模块)确定具体使用的算法和数据结构,并用某种选定的表达工具给出清晰的描述。

5. 编码实现

编码阶段要保证开发人员在实际开发中忠于架构所规定的结构,遵守组件之间交互的约定。良好的编码风格有助于编写出可靠而又容易维护的程序,编码的风格在很大程度上决定着程序的质量。

6. 软件测试

程序员对每一个模块编码之后先做单元测试,然后再进行集成(综合或组装)测试,系统测试,验收(确认)测试,平行测试,人工测试,其中单元测试的一部分已在编码阶段就开始了,测试横跨开发与测试两个阶段,又有不同的人员参加,测试工作本身是复杂的。

7. 系统运行维护

在软件运行阶段对软件产品所进行的修改就是维护,维护需要经历以下 4 个步骤:分析和理解程序,修改程序,重新验证程序和维护文档。系统的维护可能涉及代码的修改,还有可能涉及系统架构的修改,因此要保证相关文档得到同步修改。

1.3 软件过程中的文档

1.3.1 软件文档

软件文档(document)也称文件,通常指的是一些记录的数据和数据媒体,它具有固定不变的形式,可被人和计算机阅读。硬件产品在整个生产过程中都是有形可见的,软件生产则有很大的不同,文档本身就是软件产品的组成部分。没有文档的软件,不称其为软件,更谈不到软件产品。软件文档的编制(documentation)在软件开发工作中占有突出的地位和相当的工作量。高效率、高质量地开发、分发、管理和维护文档对于转让、变更、修正、扩充和使用文档,对于充分发挥软件产品的效益有着重要意义。然而,在实际工作中,文档的编制和使用中存在着许多问题,有待于解决。软件开发人员普遍存在着对编制文档不感兴趣的现象。从用户方面看,他们又常常抱怨:文档不够完整、文档编写得不好、文档已经陈旧或是文档太多,难以使用等。文档应该写哪些、说明什么问题、起什么作用,本节将给出简要的介绍。

如今,软件开发越来越复杂,软件功能也越来越丰富。而几乎所有成熟的商业软件,都是一个开发团队齐心协力的血汗结晶。"罗马不是一天建成的",微软、IBM 等所提供的各种庞大而复杂软件背后是规范与完善的软件开发过程,贯穿其中的重要线索就是软件文档。

文档是软件开发人员、软件管理人员、维护人员以及用户之间的沟通平台,在他们之间起桥梁作用,软件开发人员在各个阶段中以文档作为前阶段工作成果的体现和后阶段工作的依据,这个作用是显而易见的。软件开发过程中软件开发人员需制订一些工作计划或工作报告,这些计划和报告都要提供给管理人员,并得到必要的支持。管理人员则可通过这些文档了解项目安排、进度、资源使用和成果等。软件开发人员还需为用户了解软件的使用、操作和维护提供详细的资料,这些称为用户文档。

1.3.2　撰写软件文档的目的与作用

1. 现状

国外高水平的软件公司的软件开发流程十分规范,技术文档和使用文档非常细致,量非常大。按照一位技术经理的说法,是"所有的事情都有文档记录"。不仅如此,美国更有technical writer(技术写作师)这个职业。国内这方面的差距较大:软件工程师视文档为负担,项目经理本身是软件工程师出身,也没有动力实施这些规范,于是低水平现状也就不可避免。

2. 目的

一项计算机软件的筹划、研制及实现,构成一个软件开发项目。一个软件项目的进行,一般需要在人力和资源等方面作重大的投资。为了保证项目开发的成功,最经济地花费这些投资,并且便于运行和维护,在开发工作的每一阶段,都需要编制相应的文档。文档是计算机软件中不可缺少的组成部分,这些文档连同计算机程序及数据一起,构成计算机软件。软件文档写作的目的在于:

(1) 软件开发日益工程化、规范化、综合化,而软件文档的规范化撰写,是此项工作的第一步。

(2) 市场的需求,具有软件文档写作经验已成为许多软件公司招聘的一项基本要求。

(3) 对于开发团队及软件产品的最终用户而言,软件文档是必不可缺的一部分。目前的软件文档存在诸多问题,影响了其有效性。

(4) 软件开发流程的要求。

3. 作用

(1) 作为开发人员在一定阶段内的工作成果和结束标志。

(2) 管理依据。向管理人员提供软件开发过程中的进展和情况,把软件开发过程中的一些"不可见的"事物转换成"可见的"文字资料。以便管理人员在各个阶段检查开发计划的实施进展,使之能够判断原定目标是否已达到,还将继续耗用资源的种类和数量。

(3) 任务之间联系的凭证。记录开发过程中的技术信息,便于协调以后的软件开发、使用和修改。

(4) 培训与参考。提供对软件的有关运行、维护和培训的信息,便于管理人员、开发人员、操作人员和用户之间相互了解彼此的工作。

(5) 向潜在用户介绍软件的功能和性能,使他们能判定该软件能否服务于自己的需要。

(6) 为质量保证提供支持。

(7) 为软件维护提供支持。

(8) 可作为历史档案。

1.3.3　软件文档的范围及分类

计算机软件所包含的文档有两类：一类是开发过程中填写的各种图表，可称为工作表格；另一类则是应编制的技术资料或技术管理资料，可称为文档。

在软件过程中，软件文档涉及管理、开发、产品和质量保证等各方面。一般来说，至少应该产生 14 种文件。这 14 种文件是：

- 可行性研究报告；
- 项目开发计划；
- 软件需求说明书；
- 数据要求说明书；
- 概要设计说明书；
- 详细设计说明书；
- 数据库设计说明书；
- 用户手册；
- 操作手册；
- 模块开发卷宗；
- 测试计划；
- 测试分析报告；
- 开发进度月报；
- 项目开发总结报告。

1. 按软件文档的用途分类

(1) 开发文档——描述开发过程本身。

开发文档作用如下：它是各开发小组和小组内部成员之间相互交流、沟通的有效媒介；可用于描述开发小组的职责和评定开发进度；可提供维护人员所要求的基本的软件支持；可记录软件开发的历史。开发文档包括：

① 可行性研究报告；

② 需求规格说明书；

③ 设计规格说明，包括程序和数据规格说明；

④ 项目开发计划；

⑤ 软件测试计划；

⑥ 质量保证计划；

⑦ 数据库设计文档。

可行性研究报告：说明该软件开发项目在技术上、经济上和社会因素上的可行性，评述为了合理地达到开发目标可供选择的各种可能实施的方案，说明并论证所选定实施方案的理由。

项目开发计划：为软件项目实施方案制订出具体计划，应该包括各部分工作的负责人员、开发的进度、开发经费的预算、所需的硬件及软件资源等。项目开发计划应提供给管理部门,并作为开发阶段评审的参考。

软件需求说明书:也称需求规格说明书,对所开发软件的功能、质量、用户界面及运行环境等做出详细的说明。它是用户与开发人员双方在对软件需求取得共同理解的基础上达成的协议,也是实施开发工作的基础。

数据要求说明书:该说明书应给出数据逻辑描述和数据采集的各项要求,为生成和维护系统数据做好准备。

架构设计说明书:该说明书是架构设计阶段的工作成果,它应说明软件的架构,包括子系统和模块划分(功能分配、输入输出)、接口设计等,为概要设计奠定基础。

概要设计说明书:该说明书是概要设计阶段的工作成果,它应说明组件(模块)的类结构设计、接口设计、运行设计、公共数据结构设计和出错处理设计等,为详细设计奠定基础。

详细设计说明书:着重描述每一模块是怎样实现的,包括实现算法、逻辑流程等。

测试计划:为如何组织测试制订实施计划,计划应包括测试的内容、进度、条件、人员、测试用例的选取原则、测试结果允许的偏差范围等。

测试分析报告:测试工作完成以后,应提交测试计划执行情况的说明。对测试结果加以分析,并给出测试的结论意见。

(2)产品文档——描述开发过程的产物。

产品文档作用包括:为使用和运行软件产品的任何人提供培训和参考信息,使维护人员能维护它,促进软件产品的市场流通或提高可接受性。

产品文档的读者有:

① 用户。他们利用软件输入数据、检索信息和解决问题。

② 运行人员。他们在计算机系统上运行软件。

③ 维护人员。他们维护、增强或变更软件。

产品文档的内容可分为:

① 用于管理者的指南和资料,它们监督软件的使用。

② 宣传资料,通告软件产品的特性并详细说明它的功能、运行环境等。

③ 一般信息,向任何有兴趣的人描述软件产品。

产品文档包括:

① 培训手册;

② 参考手册和用户指南;

③ 软件支持手册;

④ 产品手册和信息广告;

⑤ 产品简介;

⑥ 疑问解答;

⑦ 技术白皮书;

⑧ 评测报告;

⑨ 安装手册;

⑩ 使用手册和维护手册。

用户手册:详细描述软件的功能、性能和用户界面,使用户了解如何使用该软件。

操作手册：为操作人员提供该软件各种运行情况的有关知识，特别是操作方法的具体细节。

（3）管理文档——记录项目管理的信息。

管理文档建立在项目管理信息的基础上，这种文档从管理的角度规定涉及软件生存的信息，如开发过程的每个阶段的进度和进度变更的记录；软件变更情况的记录；相对于开发的判定记录；职责定义等。管理文档包括：

① 开发进度周报/月报。是软件开发人员按月向管理部门提交的项目进展情况报告。报告应包括进度计划与实际执行情况的比较、阶段成果、遇到的问题和解决的办法以及下个月的打算等。

② 项目开发总结报告：软件项目开发完成以后，应与项目实施计划对照，总结实际执行的情况，如进度、成果、资源利用、成本和投入的人力。此外还需对开发工作做出评价，总结出经验和教训。

2. 按文档的质量等级分类

（1）最低限度文档；

（2）内部文档；

（3）工作文档；

（4）正式文档。

1.3.4　项目开发与文档的关系

文档的编制必须适应计算机软件整个生存周期的需要。

1. 软件开发过程对软件文档的要求

（1）文档需要覆盖整个软件生存期。

（2）文档应是可管理的。

（3）文档应适合于它的读者。

（4）文档效应应贯穿到软件的整个开发过程中。

（5）文档标准应被标识和使用。

（6）应规定支持工具。

项目开发计划应包括文档编制计划，并且文档进度尽可能与项目进度保持同步。

2. 文档编制计划

（1）列出应编制文档的目录。

（2）提示编制文档应参考的标准。

（3）指定文档管理员。

（4）确定所需的人员、经费、编制工具。

（5）明确保证文档质量的方法。

（6）绘制进度表。

高质量文档应当具有针对性、精确性、清晰性、完整性、灵活性和可追溯性。在整个软件生存期中,各种文档作为半成品或最终成品,会不断地生成、修改或补充,需要管理和维护。为了最终得到高质量的产品,达到所提出的质量要求,必须加强对文档的管理。

3. 项目进度与文档写作之间的协调

如何保证文档的全面性,使其真正为项目进度提供保证,且又不因为文档的写作而耽误项目的进度,这仍然是一个比较难解决的问题,其核心仍然是个"度"的问题。在项目开发中,配置管理小组的一个非常重要的任务是提供文档规范和文档模板。当有文档模板后需要书写文档的人员只剩下"填空"的工作,从某种意义上讲,书写文档的速度会加快。如果书写文档的人员认为文档更细致的部分可以由他人帮助完成,则该文档即交由他人完成,但此时文档并不算被正式提交,当他人书写完毕之后,必须由文档的初写者进行复审,复审通过后方可以正式提交,进入软件配置管理的循环中。

配置管理的一项重要工作是对文档的组织管理。根据文档的不同,文档的来源也不同,有些是通过质量保证经过复审之后转交给配置管理,有些则会直接从文档的出处到达配置管理。文档的管理是一个非常烦琐的工作,但是长远来看它不仅使项目的开发对单个主要人员的依赖减少,从而减少人员流动给项目的带来的风险,更重要的是在项目进行到后期时起到拉动项目的作用。

从项目实践来看,写作文档在项目开发的早期可能会使项目的进度比起不写文档要稍慢,但随着项目的进展,各个部门需要的配合越来越多,开发者越来越需要知道其他人员的开发思路和开发过程,才能使自己的开发向前推进。一个明显的例子就是系统整合,或者某些环节是建立在其他环节完成的基础之上时,就更显现出文档交流的准确性和高效性。

1.3.5　软件过程角色与文档的关系

软件过程中与文档有关的角色基本分为两类:读者和写作者,而某个文档的读者可能是另一个文档的写作者。因此,一个人所担当的角色区分并不是绝对的。软件过程中与文档有关的角色进一步可分为客户(签订合同的领导)、最终用户、项目经理、设计人员、开发组织、编码人员、测试人员、质量保证人员、配置管理人员、维护人员、销售人员等。

SQA(Software Quality Assurance)是从 CMM 开始出现在软件行业舞台上的一个术语,SQA 就是保证软件产品质量和软件过程质量的一种方法,通常也将 SQA 视为一种执行软件质量保证方法的角色。

配置管理人员的职责是在项目开发过程中,识别不同的软件配置项,对软件配置项的更改进行系统地控制,从而保证软件配置项在整个软件生命周期中的完整性和可跟踪性。

对于一个项目管理者,他的目标是定义项目的所有任务,识别出关键任务,跟踪关键任务的进展情况,以保证能够及时发现拖延进度的情况。

对于文档读者而言,他们所关心的文件种类,随他们所承担的工作而异,例如:

管理人员关注:可行性研究报告,项目开发计划,模块开发卷宗,开发进度月报,项目开发总结报告。

编码人员关注：可行性研究报告，项目开发计划，软件需求说明书，数据要求说明书，概要设计说明书，详细设计说明书，数据库设计说明书，测试计划，测试分析报告。

维护人员关注：设计说明书，测试分析报告，模块开发卷宗。

用户关注：用户手册，操作手册。

尽管提出了在软件开发过程中文件编制的要求，但并不意味着这些文件都必须交给用户。某个软件的用户应该得到的文件的种类由开发组织与客户之间签订的合同规定。

1.3.6 软件过程中的文档编制

一个计算机软件，从构思之日起，经过软件开发并成功投入使用，直到最后决定停止使用，被认为是该软件的一个生存周期。一般地说这个软件生存周期可以分成以下 6 个阶段：

（1）可行性分析与计划研究阶段。

（2）需求分析阶段。

（3）设计阶段。

（4）实现阶段。

（5）测试阶段。

（6）运行与维护阶段。

在可行性分析与计划阶段，要确定该软件的开发目标和总的要求，要进行可行性分析、投资-收益分析、制订开发计划，并完成应编制的文件。

在需求分析阶段，由系统分析人员进行系统分析，确定对该软件的各项功能、性能需求和设计约束，确定对文件编制的要求，作为本阶段工作的结果，一般地说，软件需求说明书、数据要求说明书和初步的用户手册应该编写出来。

在设计阶段，系统设计人员和程序设计人员应该在反复理解软件需求的基础上，提出多个设计，分析每个设计能履行的功能并进行相互比较，最后确定一个设计，包括该软件的各种结构以及处理流程。设计阶段应分解成架构设计、概要设计阶段和详细设计阶段三个步骤。在一般情况下，应完成的文件包括：架构设计说明书、概要设计说明书、详细设计说明书和测试计划初稿。

在实现阶段，要完成源程序的编码、编译（或汇编）和排错调试得到无语法错误的程序清单，要开始编写模块开发卷宗，并且要完成用户手册、操作手册等面向用户的文件的编写工作，还要完成测试计划的编制。

在测试阶段，该程序将被全面地测试，已编制的文件将被检查审阅。一般要完成模块开发卷宗和测试分析报告，作为开发工作的结束，所生产的程序、文件以及开发工作本身将逐项被评价，最后写出项目开发总结报告。

在整个开发过程中（即前 5 个阶段中），开发团队要按周、月编写开发进度周报、月报。

在运行和维护阶段，软件将在运行使用中不断地被维护，根据新提出的需求进行必要而且可能的扩充和删改。

对于一项软件而言，其生存周期各阶段与各种文件编写工作的关系可见表 1-1，其中有些文件的编写工作可能要在若干个阶段中延续进行。

表 1-1　软件生存周期各阶段的文件编制

文件＼阶段	可行性研究与计划阶段	需求分析阶段	设计阶段	实现阶段	测试阶段	运行与维护阶段
数据需求说明书	——					
项目开发计划	——					
软件需求说明书		——				
数据需求说明书		——				
测试计划		——	——			
概要设计说明书			——			
详细设计说明书			——			
数据库设计说明书			——			
模块开发卷宗				——		
用户手册		——	——			
操作手册			——			
测试分析报告					——	
开发进度月报	——	——	——	——	——	——
项目开发总结					——	

1.3.7　撰写软件文档应考虑的因素

软件文件写作是一个不断努力的工作过程,是一个从形成最初轮廓,经反复检查和修改,直到程序和文件正式交付使用的完整过程,其中每一步都要求工作人员做出很大努力。文档写作要保证文件编制的质量,要体现每个开发项目的特点,但也要注意不要花太多的人力。为此,编制中要考虑以下各项因素。

1. 文档的读者

每一种文件都具有特定的读者。这些读者包括个人或小组、软件开发单位的成员或社会上的公众、从事软件工作的技术人员、管理人员或领导。他们期待着使用这些文件的内容来进行工作,例如设计、编写程序、测试、使用、维护或进行计划管理。因此,文档作者必须了解自己的读者,编写文档时必须注意适应特定读者的水平、特点和要求。

2. 重复性

文档内容要求存在某些重复,较明显的重复有两类。引言是每一种文件都要包含的内容,以向读者提供总的梗概。第二类明显的重复是各种文件中的说明部分,如对功能、性能的说明、对输入和输出的描述、系统中包含的设备等。为了方便每种文件各自的读者,每种文件应该自成体系，尽量避免读一种文件时又不得不去参考另一种文件。当然，在每一种文件里，有关引言、说明等同其他文件相重复的部分，在行文上、所用的术语上、详细的程度上，还是应该有一些差别，以适应各种文件不同读者的需要。

鉴于软件开发是具有创造性的脑力劳动，同时不同软件在规模上和复杂程度上差别较大，在文件编制工作中应允许一定的灵活性，这种灵活性表现如下。

1) 应编制的文件种类

尽管在一般情况下，一项软件的开发过程中，应产生的文件常规有 14 种，然而针对一项具体的软件开发项目，有时不必编制这么多文件，可以把几种文件合并成一种。一般来说，当项目的规模、复杂性和成败风险增大时，文件编制的范围、管理手续和详细程度将随之增加。反之，则可适当减少。为了恰当地掌握这种灵活性，要求贯彻分工负责的原则，这意味着：

① 软件企业应根据本单位的管理能力，制定一个对文件编制要求的实施规定，主要是：在不同的条件下，应该形成哪些文件以及这些文件的详细程度。每一个项目负责人，必须认真执行这个实施规定。

② 对于一个具体的软件项目，项目负责人应根据上述实施规定，确定一个文件编制计划，主要包括：

- 应该编制哪几种文件，详细程度如何。
- 各个文件的编制负责人和进度要求。
- 审查、批准的负责人和时间进度安排。
- 在开发时期内，各文件的维护、修改和管理的负责人，以及批准手续。

这个文件编制计划是整个开发计划的重要组成部分。每项工作必须落实到人。

③ 有关的设计开发人员则必须严格执行这个文件编制计划。

2) 文件的详细程度

从同一份提纲起草的文件的篇幅大小往往不同，可以少到几页，也可以长达几百页。这种差别是允许的。此详细程度取决于任务的规模、复杂性和项目负责人对该软件的开发过程及运行环境与所需要的详细程度的判断。

3) 文件的扩展

当被开发系统的规模非常大时，一种文件可以分成几卷编写。可以按每一个子系统分别编制，也可以按内容划分成多卷，例如：

项目开发计划可能包括质量保证计划、配置管理计划、用户培训计划、安装实施计划；

系统设计说明书可分写成系统设计说明书、子系统设计说明书；

操作手册可分写成操作手册、安装手册；

测试计划可分写成测试计划、测试设计说明、测试规程、测试用例；

测试分析报告可分写成综合测试报告、验收测试报告；

项目开发总结报告亦可分写成项目开发总结报告、资源环境统计。

4) 节的扩张与缩并

在有些文件中，可以使用所提供的章、节标题，但在节内又存在一系列需要分别讨论的因素，所有的节都可以扩展，可以进一步细分，以适应实际需要。反之，如果章节中的有些细节非必需，也可以根据实际情况缩并。此时章节的编号应相应地改变。

5）文件的表现形式

对于文件的表现形式不做统一规定或限制，可以使用自然语言，也可以使用形式化语言。

6）文件的其他种类

当规定的文件种类尚不能满足某些应用部门的特殊需要时，可以建立一些特殊的文件种类要求，例如软件质量保证计划、软件配置管理计划等，这些要求可以包含在本单位的文件编制实施规定中。

1.3.8　软件文档的管理

1．文件的形成要求

开发团队中的每个成员，尤其是项目负责人，应该认识到：文件是软件产品必不可少的组成部分；在软件开发过程的各个阶段中，必须按照规定及时地完成各种文件的编写工作；必须把在一个开发阶段中做出的决定和取得的结果及时地写入文件；开发团队必须及时地对这些文件进行严格的评审；这些文件的形成是各个阶段开发工作正式完成的标志。这些文件上必须有编写者、评审者和批准者的签字，必须有编写日期、评审完成的日期和批准的日期。

2．文件的分类与标识

在软件开发的过程中，产生的文件是很多的，为了便于保存、查找、使用和修改，应该对文件按层次加以分类组织。一个软件开发单位应该建立一个对本单位文件的标识方法，使文件的每一页都具有明确的标识。例如可以按以下 4 个层次对文件加以分类和标识。

（1）文件所属的项目的标识；

（2）文件种类的标识；

（3）同一种文件的不同版本号；

（4）页号。

此外，对每种文件还应根据项目的性质，划定它们各自的保密级别，确定它们各自的使用范围。

3．文件的控制

在软件开发过程中，随着程序的逐步形成和逐步修改，各种文件亦在不断地产生、不断地修改或补充。因此，必须加以周密的控制，以保持文件与程序产品的一致性，保持各种文件之间的一致性和文件的安全性。这种控制表现为：

（1）就软件开发团队而言，应设置文件管理角色和专职人员，应该集中保管本项目现有全部文件的主文本两套，由文件管理人员负责保管。

（2）每一份提交给文件管理人员的文件都必须具有编写人、审核人和批准人的签字。

（3）这两套主文本的内容必须完全一致；其中有一套是可供出借的，另一套是绝对不能出借的,以免发生万一;可出借的主文本在出借时必须办理出借手续,归还时办理注销出借手续。

(4) 开发团队中的成员可以根据工作的需要,在本项目开发过程中持有一些文件,即所谓个人文件,包括为使他完成他承担的任务所需要的文件,以及他在完成任务过程中所编制的文件;但这种个人文件必须是主文本的复制品,必须同主文本完全一致,若要修改,必须首先修改主文本。

(5) 不同开发人员所拥有的个人文件通常是主文本的各种子集;所谓子集是指把主文本的各个部分根据工作需要按承担不同任务的人员或部门加以复制、组装而成的若干个文件的集合;文件管理人员应该列出一份不同子集的分发对象的清单,按照清单及时把文件分发给有关人员或部门。

(6) 一份文件如果已经被另一份新的文件所代替,则原文件应该被注销;文件管理人要随时整理主文本,及时反映文件的变化和增加情况,及时分发文件。

(7) 当项目开发工作临近结束时,文件管理人员应逐个收回开发团队每个成员的个人文件,并检查这些个人文件的内容;经验表明,这些个人文件往往可能比主文本更详细,或同主文本的内容有所不同,必须认真监督有关人员进行修改,使主文本能真正反映实际的开发结果。

4. 文件的修改管理

在项目开发过程中的任何时刻,开发团队的所有成员都可能对开发工作的已有成果——文件,提出修改要求。提出修改要求的理由可能是各种各样的,进行修改而产生的影响可能很小,也可能会牵涉到本项目的很多方面。因此,修改活动的进行必须谨慎,必须对修改活动的进行加以管理,必须执行修改活动的规程,使整个修改活动有控制地进行。

修改活动可按以下5个步骤进行:

(1) 开发团队中的任何一个成员都可以向上级提出修改建议,为此应该填写一份修改建议表,说明修改的内容、所修改的文件和部位以及修改理由。

(2) 项目负责人或项目负责人指定的人员对该修改建议进行评议,包括审查该项修改的必要性、确定这一修改的影响范围、研究进行修改的方法、步骤和实施计划。

(3) 审核一般由项目负责人进行,包括核实修改的目的和要求、核实修改活动将带来的影响、审核修改活动计划是否可行。

(4) 在一般情况下,批准权属于该开发单位的部门负责人;在批准时,主要是确定修改工作中各项活动的先后顺序及各自的完成日期,以保证整个开发工作按原定计划日期完成。

(5) 实施由项目负责人按照已批准的修改活动计划,安排各项修改活动的负责人员进行修改,建立修改记录、产生新的文件以取代原有文件、最后把文件交文件管理人员归档,并分发给有关的持有者。

第 2 章

项目规划类文档写作

2.1 项目立项过程

一个软件项目的建设完成,经历从项目设想与建议的提出,可行性研究,到项目招投标、方案选择、评估、决策,再到项目的设计、开发、测试直至上线运行等多个阶段,是一个系统的工程,最终目的是实现一个质量可靠的软件。目前人们更多地注重软件在开发过程的质量控制,弱化了项目开发前准备工作对软件项目质量的影响。虽然,开发过程的质量控制对软件整体的质量起到至关重要的作用,但是软件开发管理困难等问题,在一定层面上与前期准备不充分有必然的联系。软件项目前期阶段的主要工作是争取项目立项、进行可行性分析、研究项目方案和确定初步的开发计划,这些工作细致与否将直接影响项目的后期开发。

项目前期文档是项目准备立项阶段需要完成的文档,包括商业计划书、可行性研究报告、项目招标书、项目方案书和项目开发计划,这些文档对项目的获取(立项)有着重要影响。

商业计划书为项目(包括软件项目)立项争取客户的资金支持,尤其是风险投资支持的重要依据;而一般企业或单位在向相关部门申请资金或用自有资金准备开发某个项目时,则首先要撰写可行性研究报告。可行性研究报告获得有关部门或企业领导批准后,如果不是自行开发,而是委托第三方开发,则还需要进行招投标,项目甲方(出资方)要撰写邀标书,项目乙方要撰写投标书(项目方案书),然后经过评审,决定中标单位。项目获批后还要制订较为详细的项目开发计划。

立项过程的角色和职责如表 2-1 所示。

表 2-1 立项过程的角色和职责

角　　色	职　　责
企业负责人(核心成员)	撰写商业计划书
架构设计师	协助确认商业计划书的技术方案
客户(出资者)	评审商业计划书

2.2　商业计划书

2.2.1　商业计划书写作要求

1. 概述

商业计划书是为争取项目立项和获得资金支持而写的,是一个前景描述文件,是项目承担者素质的体现,是企业拥有良好融资能力、实现跨越式发展的重要条件之一。

投资公司每天要审阅大量的商业计划书,要在众多的商业计划书中如何脱颖而出,吸引投资公司的注意力,那就完全取决于商业计划书的质量。通常投资公司对一个企业或一个项目的第一印象就是从商业计划书中形成的,他们认为一个企业或一个团队如果连一份商业计划都写不好,那这个企业就算不上是个好企业、这个团队就算不上是个好团队。因为对商业计划书的重视,从一个侧面上反映出企业管理者和团队领导者的能力及远见。一份完备的商业计划书是企业的项目能否成功立项和融资的关键因素。

2. 写作角色及读者

项目的商业计划书由谁来编制完成,主要视项目规模大小而定,但一般都是由企业(项目组)核心成员研讨完成的。必要时,还可外聘专业顾问来进行协助。

商业计划书的读者是投资者、客户和上级领导。

3. 撰写要求

在写商业计划书的时候,应该注意下列要求:

(1) 简单明了的项目概述。

商业计划书中的项目概述必须能让读者有兴趣并渴望得到更多的信息,它将给读者留下长久的印象。项目概述是投资者首先要看的内容,它将从计划中摘录出与筹集资金最相干的细节,包括:项目的介绍,企业内部的基本情况、能力以及局限性,竞争对手,营销和财务战略,团队情况等,因此应做简明而生动的概括,就像书的前言和电梯间陈词,做得好就可以把客户或投资者吸引住,能给客户或投资者留下这样的印象:"这个项目潜力巨大,我已等不及要去读计划的其余部分了。"

(2) 关注市场,用事实说话,通过市场调查和市场容量分析展现对市场的了解。

商业计划书要细致分析经济、职业、顾客偏好以及心理等因素对消费者选择购买本软件产品的影响,以及各个因素所起的作用,向投资者表达企业对目标市场的深入分析和理解。要分析竞争对手的情况,所带来的风险和所采取的对策,制订相应营销策略,提供营销计划,包括针对性的销售细节问题,企业的行动计划应该是无懈可击的。

(3) 关注软件产品,解释潜在顾客为什么会掏钱买你的产品或服务。

在商业计划书中,应提供所有与软件产品和服务有关的细节,包括企业所实施的各项调查,如软件产品所处的发展阶段、独特性、销售方式、潜在用户、开发成本、售价、开发计划等,在商业计划书中,应尽量用简单的词语来描述每件事,使投资者对软件产品有兴趣,对软件的商业化前景有信心,并认为企业有实现它的论据。

(4) 要形成一个相对可信的投资收益分析。

商业计划书中应该明确下列问题:软件开发成本、软件定价、销售额,毛利润、收入以及市场份额等,要使投资者相信,本软件将是行业中的有力竞争者,甚至将来还可能会成为确定行业标准。

(5) 展现合适的团队,充分说明为什么你和你的团队最合适做这件事。

把一个思想转化为一个成功的软件产品,其关键的因素就是要有一支合适的管理和开发团队,其成员必须有较高的专业技术知识、管理才能和多年工作经验,能计划、组织、控制和指导实现目标。在商业计划书中,应描述整个队伍及其职责,并分别介绍每位成员的才能、特点和造诣,细致描述每个人将对项目所做的贡献。商业计划书中还应明确管理目标以及组织结构图。

(6) 站在投资者的角度考虑问题,力求表述清楚简洁,引导他们进入项目。

商业计划书要考虑投资者可能的阅读时间、兴趣和理解能力,通过条理化的叙述,使读者能迅速对项目有直观的了解。

(7) 请潜在客户或其他相关读者做出反馈。

在商业计划书正式提交给投资者之前,可以请计划书中认为的潜在客户对所描述的有关内容提出建议,这样可以对市场有更深入的了解。

在做商业计划书并向客户提交时,必须避免下列问题:

(1) 对产品/服务的前景过分乐观,令人产生不信任感。

(2) 数据没有说服力,比如拿出一些与行业标准相去甚远的数据。

(3) 缺少特色。

(4) 商业计划显得不专业,比如缺乏应有的数据、过分简单或冗长。

(5) 不是针对潜在客户的要求,而是泛泛的材料。

2.2.2　商业计划书内容框架

商业计划书一般包括封面和目录、项目概述、项目背景、进度安排、关键风险、项目团队和财务预测等内容。

1. 封面和目录

商业计划封面看起来要既专业又可提供联系信息,如果对投资人递交,最好能够美观漂亮,并附上保密说明,而准确的目录索引能够让读者迅速找到他们想看的内容。

2. 项目概述

项目概述是建议项目的概括,一到两页即可,包括:

（1）本项目的简单描述（亦即"电梯间陈词"）；

（2）机会概述；

（3）目标市场的描述和预测；

（4）竞争优势；

（5）项目投入和盈利能力预测；

（6）团队概述；

（7）经济效益和社会效益。

3. 项目背景

项目背景是表明对项目了解程度，主要阐释以下问题：

（1）客户；

（2）市场容量和趋势（一定要力争贴近真实）；

（3）项目的竞争优势；

（4）估计的收益。

4. 进度安排

项目的进度安排，包括以下重要事件：

（1）需求调研时间；

（2）项目设计实现时间；

（3）项目验收投产时间。

5. 关键的风险、问题和假定

（1）对于项目的假定和将面临的风险要足够现实。

（2）说明将如何应付风险和问题（紧急计划）。

（3）在眼光的务实性和对项目潜力的乐观之间达成仔细的平衡。

6. 项目团队

（1）公司概述，包括产品/服务描述以及它如何满足一个关键的顾客需求。

（2）介绍项目团队，说明各成员有关的教育和工作背景，注意项目分工和互补。

（3）相关项目经验，重点介绍与所申请项目相关的项目经验。

7. 财务预测

假定公司能够提供的利益，这是"卖点"，包括：

（1）项目支出。说明总体的资金需求，如何使用这些资金，包括固定的、可变的和半可变的成本。

（2）项目收益。客户可以得到的回报，包括固定的、可变的和半可变的收益，盈利能力和持久性。

（3）突出成本控制，指出达到收支平衡所需的月数。

2.3　可行性研究报告

2.3.1　可行性研究报告写作要求

1. 概述

可行性研究的目的是用较小的代价在尽可能短的时间内确定问题是否能够解决,也就是说可行性研究的目的不是解决问题,而是确定问题是否值得去解决,研究在当前的具体条件下,开发新系统是否具备必要的资源和其他条件。

一般说来,应从经济可行性、技术可行性、法律可行性和社会可行性等方面研究。由于投入资金的多少对可行性有直接的影响,所以在撰写前一定要先了解一下,有关部门打算在这个项目上投入多少资金。

可行性研究需要的时间长短取决于工程的规模,一般说来,可行性研究的成本只占预期工程成本的5%～10%。

2. 写作角色及读者

软件项目的可行性研究由项目负责人或企业售前部门的相关人员撰写,企业或项目的架构设计人员也要参加,以保证项目在满足各种限制条件的前提下从技术层面来说是能够开发完成的。

可行性研究报告的读者是投资者、客户、上级领导、设计师和需求分析师。

3. 撰写要求

可行性研究报告应说明软件产品的目标,目标描述应当从用户的角度说明开发这一软件系统是为了解决用户的哪些问题。例如一个办公系统,其产品目标可以是"提高公文流转效率,更好地进行工作信息报送的检查监督,提高信息的及时性、汇总统计信息的准确性,减轻各级相关工作人员的劳动强度。"

可行性分析侧重对经济、技术和法律、社会等方面是否可行做出判断,而经济可行性是项目立项的前提,因此成本/效益分析是关键。成本/效益分析的目的是要从经济角度分析开发一个特定的新系统是否划算,从而帮助领导或客户正确地做出是否投资于该项目的决定。

常用的费用估计方法有以下两种。

(1) 代码行技术:首先估计出源代码行数,用每行代码的平均成本乘以行数就可以确定软件的成本。每行代码的平均成本主要取决于软件的复杂程度和工资水平。

(2) 任务分解技术:这种方法首先把软件开发工程分解为若干个相对独立的任务,再分别估计每个单独的开发任务的成本,最后加起来得出软件开发工程的总成本。

常用的量度效益的方法有以下三种:

(1) 货币的时间价值。

（2）投资回收期。

（3）纯收入。

技术可行性的分析应强调技术的成熟程度，对新技术的采用必须分析其风险，对各种技术方案应做出比较。

法律可行性应注重说明符合国家法律法规，没有盗版，没有侵犯知识产权等。

社会可行性应注重说明符合国家政策、社会道德及社会影响等。

2.3.2　可行性研究报告内容框架

可行性研究报告包括下列内容：

（1）定义系统规模和目标；

（2）研究目前正在使用的系统；

（3）重新定义问题；

（4）给出新系统的高层逻辑模型；

（5）导出和评价供选择的方案；

（6）推荐一个方案并说明理由；

（7）说明经济、技术、法律和社会可行性；

（8）提供初步的开发计划，推荐行动方针。

2.4　项目方案书

2.4.1　项目方案书写作要求

1. 概述

有些项目的获得需要经过招投标环节，招标企业需要撰写招标书，提出技术和商务要求，投标企业需要撰写项目方案书，也叫投标书。投标书要经过评审专家的评审，决定是否中标。项目方案书是根据项目招标书要求为争取项目中标而写的，是软件开发企业为客户提供的一个项目规划的描述文件，是项目承担者能力的体现，是能否中标项目的关键，可能对企业生存发展有着重大影响。

客户或评审专家要审阅不同公司的项目方案书，而在众多的项目方案书中如何脱颖而出，吸引客户或评审专家的注意，那就完全取决于项目方案书的质量。通常客户或评审专家对投标企业的能力判断就是从项目方案书中形成的，他们认为一个企业或一个开发团队如果连一份项目方案书都写不好，那这个企业或团队就没有能力去承接该项目。因为对项目方案书的重视，从一个侧面上反映出企业管理者和团队领导者的能力及远见。完全可以相信：一份完备的项目方案书是企业中标项目的关键因素之一。

项目方案书是投标方对项目的一个整体考虑，方案书的目的是让招标方接受方案，把项目承接下来，而可行性研究报告是论证项目是否可行，它们针对的场景不同。

2. 写作角色及读者

软件项目方案书由项目负责人或项目的架构设计师负责,以保证项目的技术方案和实施方案是有效合理的。

项目方案书的读者是投资者、客户、上级领导和评审专家等。

3. 撰写要求

项目方案书侧重对招标书的要求做进一步细化说明,同时对项目的实施方案进行说明,项目方案书应注意对招标书所提问题进行点对点应答。

2.4.2　项目方案书内容框架

项目方案书一般包括以下几部分的内容。

1. 前言

1) 项目简介

对该项目的基本情况做一简单的介绍。

2) 背景分析

应列举一些与该项目相关的背景资料以及相关的分析,可以包括国际、国内的动向,当地应用的基本情况,客户群体背景等方面的内容。

3) 项目的目标和规划

对该项目的建设目标做出一个概要性的描述,以帮助读者能够很快地抓住主题,对项目的意义与远景有一个共识。如果所做的系统将是一个长期性大项目的第一期,或者是其中的一期,那么应该从整个系统的远期规划着手,描述该项目的长远目标和远景。然后从中导出所做的本期建设规划,从而使客户明白设计方案与长远规划的一致性。

4) 系统设计原则

说明该方案的设计原则,通常包括先进性、安全性、实用性、经济性,或者是诸如统一规划、分步实施之类的大方向。

5) 遵循的标准与规范

如果客户有需求,或者设计方案是符合某个国际标准、国家标准、行业标准,还应该列出这些规范,并且说明在设计方案中是如何满足这些规范的,这样做将带来什么样的好处。

2. 需求分析

该部分内容主要来源于招标文件,可以在招标文件提出的系统需求的基础上进行扩展性描述,也可以对其进行合理的重新组织,使得其更加规格化。然后对其需求进行分析,为下一步系统架构设计做铺垫。

3. 系统架构设计方案

通过该部分的描绘,将为客户构建一个良好的框架,让其对设计思路有一个总体上的了解。

4．硬件选型及部署方案

主要是硬件设备(包括网络设备)的选型、设备的详细技术参数,说明选择的考虑和理由,也就是要达到说服业主采用你的选型方案。可以从硬件的产品技术白皮书上获取这些资料,并且从性价比和使用情况等方面进行深入的描述。还要给出这些硬件的网络部署结构及对网络的要求。

5．子系统设计方案

应该说明各个子系统之间的关系,每个子系统的设计考虑,以及将采用什么操作系统、数据库、中间件、开发工具,并且说明理由。

6．项目建设计划

对本期建设的组织结构、实施进度计划等方面的内容进行阐述,让客户明白需要多少时间来完成本期项目。

7．关键的风险、问题和假定的处理

对于项目的假定和将面临的风险要足够现实,说明将如何应付风险和问题(紧急计划),所给的解决方案应该是行之有效的。

8．公司与项目团队

(1) 公司概述。包括产品/服务描述以及它如何满足顾客的关键需求。
(2) 介绍项目团队。一定要介绍各成员有关的教育和工作背景,注意项目分工和互补。
(3) 相关项目经验。

9．技术培训与支持

对项目的技术培训与售后技术服务进行说明。

现在许多项目都需要进行招投标,所以投标用的技术方案是开发团队经常需要编写的,在对许多优秀的项目方案书总结后,附录 A1 给出了一个基础的框架。

2.5　项目开发计划

2.5.1　项目开发计划写作要求

1．概述

编制项目开发计划的目的是用文件的形式,把开发过程中各项工作的参与人员、开发进度、所需经费预算、所需软硬件条件等做出的安排并记录下来,以便根据本计划检查项目的

开发工作。

2. 写作角色及读者

项目的开发计划由项目负责人撰写,项目的架构设计人员也要参加,以保证项目在各种限制条件下,从技术层面来说是能够按计划开发完成的。

项目开发计划的读者是投资者、客户、上级领导、项目经理、设计师、需求分析师、开发人员、测试人员、质量保证人员和配置管理人员等。

3. 撰写要求

项目计划就是把每个小组或每个人要完成的工作和时间用清晰的语言描述出来,要有明确的陈述、可以衡量的结果、可以达成的目标,并且是合理的和可追踪的,使项目团队每一个成员都有明确的概念。

项目开发计划应给出每项工作任务的预定开始日期、完成日期及所需的资源,规定各项工作任务完成的先后顺序以及表征每项工作任务完成的标志性事件(如里程碑)。在说明进度计划时可以使用一些专门的工具,例如用 Microsoft 的 Project 作为辅助工具,它的功能虽比较强大,但仍无法完全代替项目计划书,特别是一些需要由文字来说明的部分。小规模的项目可简单地使用 Excel 作为辅助工具来说明。

要根据对项目的规模、复杂程度和人员水平的了解,对项目目标与系统需求的掌握程度,制订相应的计划。如果开始时对于项目目标和系统需求只有比较粗的了解,就只能制订出比较粗的进度计划,要等到需求阶段或设计阶段结束,再细化进度计划,也就是说项目计划是可以迭代的。

输入:

需求调研报告或工作说明(Statemect of Work,SOW)。

输出:

软件开发计划;

项目状态报告;

项目量度和分析报告。

2.5.2　项目开发计划内容框架

1. 引言

1) 编写目的

说明编写这份项目开发计划的目的,并指出预期的读者。

2) 背景

说明:

① 待开发的软件系统的名称;

② 本项目的任务提出者、开发者、用户;

③ 该软件系统同其他系统或其他机构的基本的相互关系。

3）定义

列出本文件中用到的专门术语的定义和外文首字母组词的原词组。

4）参考资料

列出用得着的参考资料，如

① 本项目的经核准的计划任务书或合同、上级机关的批文；

② 属于本项目的其他已发表的文件；

③ 本文件中各处引用的文件、资料，包括所要用到的软件开发标准。列出这些文件资料的标题、文件编号、发表日期和出版单位，说明这些文件资料的来源。

2. 项目概述

（1）项目目标和范围。

根据项目输入（如合同、立项建议书、项目技术方案、标书等），说明此项目要达到的目标及简要的功能。

（2）假设与约束。

对于项目必须遵守的各种约束（时间、人员、预算、设备等）进行说明，这些内容是制订计划的依据，将限制实现什么、怎样实现、什么时候实现等。

假设是通过努力可以直接解决的问题，而且这些问题是一定要解决才能保证项目按计划完成的，如"系统分析员必须在三天内到位"或"用户必须在 8 月 8 日前对需求文档进行确认"。

约束一般是难以解决的问题，但可以通过其他途径回避或弥补、取舍，如人力资源的约束限制，就必须牺牲进度或质量等。

假设与约束是针对比较明确会出现的情况的，如果问题的出现具有不确定性，则应该在风险分析中列出，分析其出现的可能性（概率）、造成的影响、应当采取的相应措施。

（3）应交付的成果。

① 程序。

列出需移交给用户的程序名称、所用的编程语言及存储程序的媒体形式。

② 提交给用户的文档。

列出需要移交给用户的每种文档的名称、内容要点和存储形式。

③ 服务。

列出需要向用户提供的各项服务，如培训安装、维护和运行支持等，应逐项规定开始日期、所提供支持的级别和服务期限。

④ 非移交（须提交内部）的产品。

说明项目组应向本单位交出但不必向用户移交的产品（包括文档和某些程序）。

（4）验收标准和验收方式。

对于应交付的产品和服务，逐项说明验收标准。项目验收依据主要为标书、合同、相关标准、项目文档（主要是需求规格说明书）。验收按先内部验收再用户验收的方式进行，还可以有第三方验收、专家参与验收等。

（5）完成项目的最后期限。

（6）本计划的批准者和批准日期。

3. 项目团队

1）团队组织结构和角色

项目团队的组织结构可以从所需角色方面进行描述，说明为了完成本项目任务，需要由哪些角色构成，如项目经理、构架设计师、设计组、程序组、测试组等。组织结构可以用图形来表示，如树状图或矩阵，并用文字简要说明各个角色应有的技术水平。

2）人员分工

说明参加项目团队的主要人员情况，确定每个成员属于什么角色，他们的技术水平、项目中的分工与配置，可以用列表方式说明。

对于项目开发中需完成的各项工作，从需求分析、设计、实现、测试直到维护，以及文件的编制、审批、打印、分发工作，用户培训工作，软件安装工作等，按层次进行分解，指明每项任务的负责人和参加人员。

3）团队的沟通协作

（1）说明团队的沟通与协作方式，包括：团队内部的协作模式、沟通方式、频次、沟通成果记录办法等内容；团队与外部，如企业内部管理部门、项目委托单位、客户的协作模式、沟通方式、频次、沟通成果记录办法等内容。

沟通方式如会议、电话、QQ、邮件、聊天室等，其中邮件沟通应当说明主送人、抄送人，聊天室沟通方式应当约定时间周期。而协作模式主要说明在出现什么状况的时候各个角色应当（主动）采取什么措施，互相配合来共同完成某项任务，要明确对应的负责人、联系方式。定期的沟通一般要包括项目阶段报告、项目阶段计划、阶段会议等。

（2）说明负责接口工作的人员及他们的职责、联系方式、沟通方式、协作模式，包括：

① 负责项目与用户的接口人员；

② 负责项目与本单位各管理机构，如合同计划管理部门、财务部门、质量管理部门等的接口人员；

③ 负责项目与各分合同单位的接口人员。

4. 计划与进度

简要地说明在本项目的开发中须进行的各项主要工作及时间安排。

对于需求分析、设计、编码实现、测试、移交、培训和安装等工作，给出每项工作任务的预定开始日期、完成日期及所需资源，规定各项工作任务完成的先后顺序以及表征每项工作任务完成的标志性事件（即所谓"里程碑"）。

5. 支持条件

说明为支持本项目的开发所需要的各种条件和设施。

1）内部支持

逐项列出项目每阶段所需要的支持（含人员、设备、软件、培训等）及其时间要求和用途，要说明交付日期、使用时间段和能力要求。例如客户机、服务器、网络环境、打印机、通信设备、开发工具、操作系统、数据库管理系统、测试环境等。

2）需由用户承担的工作

逐项列出需要由用户承担的工作、完成期限和验收标准，包括需由用户提供的条件及提供的时间。

3）由外单位提供的条件

逐项列出需要外包者承担的工作、完成期限和验收标准，包括需要由外单位提供的条件和提供的时间。

6．预算

逐项列出本开发项目所需要的劳务（包括人员的数量和时间）以及经费的预算（包括办公费、差旅费、资料费、通信设备和专用设备的租金等）和来源。

7．关键问题

逐项列出能够影响整个项目成败的关键问题、技术难点和风险，指出这些问题对项目的影响。

8．专题计划要点

说明本项目开发中需制订的各个专题计划（如分合同计划、开发人员培训计划、测试计划、安全保密计划、质量保证计划、配置管理计划、用户培训计划、系统安装计划等）的要点。

第 3 章

需求类文档写作

3.1 需求概述

作为技术人员，大家更多关注的是技术，但软件需求在很大程度上决定了软件是否正确，需求确定后不管如何实现，功能和质量给客户直接带来的价值远远比技术直接带来的价值要高。因此，做正确的事比正确地做事更重要。错误需求带来的问题一直是各个软件公司项目失败的首要原因，因为获得需求是个复杂的过程，要在实践中不断地学习，提高需求分析的能力。需求有以下三个层次。

1. 业务需求

描述客户的高层次目标，通常问题定义本身就是业务需求的表征。这种目标通常体现在两个方面。

（1）问题：解决企业/组织运作过程中遇到的问题，如设备管理混乱、用户投诉量大、客户流失率高等。

（2）机遇：抓住外部环境变化所带来的机会，以便为企业带来新的发展，例如电子商务、网上银行、物联网等。

业务需求就是系统目标，它是以业务为导向、指导软件开发的高层次需求。这类需求通常来自高层，例如项目投资人、购买产品的客户、实际用户、市场营销部门或产品策划部门。业务需求从总体上描述了为什么要开发系统（why），组织希望达到什么目标，一般在可行性研究报告中反映，也可使用前景和范围（vision and scope）文档来记录业务需求，这份文档有时也被称做项目章程（Project Charter）或市场需求（Market Requirement）文档。组织愿景是一个组织对将使用的软件系统所要达成的目标的预期期望，如"希望实施 CRM 后公司的客户满意度达到 90％以上"就是一条组织愿景。

2. 用户需求

用户需求是指用户要使用产品完成什么任务，通常是在问题定义的基础上进行用户访谈、调查,对用户使用的场景进行整理,从而获得来自用户角度的需求。用户需求必须能够体现软件系统将给用户带来的业务价值,或用户要求系统必须完成的任务,也就是说用户需求描述了用户能使用系统来做些什么(what),这个层次的需求是非常重要的。

作为需求捕获阶段的主要产物,用户需求主要具有以下特点:

(1) 零散。用户会提出不同角度、不同层面、不同粒度的需求,而且常常是以一句话形式提出的,如通过电话、短信等非正式方式提出的需求。

(2) 相互矛盾。由于不同用户处于企业/组织的不同层面,可能会出现盲人摸象的情况,导致需求的片面性。

因此,还需要对原始需求进行分析和整理,从而得出更加精确的需求说明。用例是表达用户需求的一种有效途径。

3. 软件需求

由于用户需求具有零散、片面的特点,因此需求分析人员还需要对其进行分析、提炼、整理,从而生成可指导开发的、更准确的软件需求,软件需求是需求分析与建模的产物。

软件需求是需求的主体,它是设计具体解决方案的依据(how),其数量往往比用户需求高一个数量级。这些需求记录在软件需求规格说明(Software Requirements Specification,SRS)中。SRS 完整地描述了软件系统的预期特性,SRS 一般被当作文档保存,设计、实现、测试、质量保证、项目管理以及其他相关的项目过程都要用到 SRS。

3.2 软件需求的分类

软件需求可分为功能需求、质量需求、约束条件三种类型,质量需求和约束条件也叫非功能需求。

1. 功能需求

功能需求规定必须在产品中实现的软件功能,用户利用这些功能来完成任务,满足业务需求。

对于功能需求而言,最关键的是如何对其进行组织,否则一句话的描述就会十分分散,很难保证开发人员逐一理解和满足这些要求。

在传统的方法论中,会以系统→子系统→模块→子模块的层次结构来组织,和程序的结构相对应,但这样会割裂用户的使用场景。为了解决这个问题,现代需求理论更加强调需求分析人员从用户的角度将系统理解成一个黑盒子,从横向的使用视角来整理需求。

2. 质量需求

质量需求不同于产品的功能描述,它从不同方面描述产品的各种特性。这些特性包括可用性、可移植性、性能、安全等,它们对用户或开发人员都很重要。

质量需求描述有两个常见问题。

（1）信息传递的无效性：在很多需求规格说明书中，会通过一个名为性能需求的小节来说明非功能需求，列出诸如高可靠性、高可用性、高扩展性等要求。但是很多开发人员根本就不看这些内容，因为这样的定性描述缺乏判断标准，故这种信息传递方法是无效的。

（2）忽略了质量需求的局部性：经常会看到诸如"所有的查询响应时间都应该小于10s"的描述，但是当用户查询的是年度统计数据时，这样的需求是较难实现的，因此开发人员就会忽略和不理会这样的需求，最终的结果就是导致它成为了摆设。因此更科学的做法是利用具体的应用场景来描述。

3．约束条件

约束条件限制了架构师设计和构建系统时的选择范围，这看起来很简单，但是如果不了解它的类型，很可能会导致在收集此类信息时出现遗漏的现象，约束条件一般有五种。

（1）非技术因素决定的技术选型：对于软件开发而言，有些技术选型并非由技术团队决定，而会受到企业/组织实际情况的影响，例如必须采用某种数据库系统等。

（2）预期的运行环境：架构师在决定架构、选择实现技术时会受到实际的软硬件环境的影响，如果忽略了这方面的因素会给项目带来一些不必要的麻烦。

（3）预期的使用环境：除了系统的运行环境，用户的使用环境（使用场合、软硬件环境等）也会对软件的开发产生很大的影响。

（4）社会限制：如智能交通系统要适应车辆可能出现单双号的限制、视频播放网站要支持内容分级的限制等。

（5）法律限制：如必须使用正版软件等。如果不愿付出相应成本，则可以选择开源的软件。

约束条件的表现形式多样，例如，用户界面要求、联机帮助系统要求、法律许可、外购软件，以及操作系统和开发工具等，因此在需求阶段就应注意搜集此类信息。如果是在设计阶段有补充，可以修改需求规格说明书，也可将其写到软件需求规格说明书的补充规约中。

3.3　需求过程

3.3.1　需求分析

1．需求分析的任务

需求分析的基本任务是准确地回答"系统必须做什么"这个问题。需求分析所要做的工作是深入描述软件的功能和质量要求，弄清软件设计的限制条件和软件同其他系统元素的接口细节，定义软件的其他有效性需求。

通常软件开发项目是要实现目标系统的物理模型，即确定待开发软件的系统元素，并将功能和数据结构分配到这些系统元素中，它是软件实现的基础。

需求分析的任务不是确定系统如何完成它的工作，而是确定系统必须完成哪些工作,也就是对目标系统提出完整、准确、清晰、具体的要求。需求分析阶段的任务包括下述几方面。

(1) 确定对系统的综合需求。

(2) 分析系统的数据需求。

系统的数据需求是由系统的信息流归纳抽象出数据元素的组成、数据的逻辑关系、数据字典格式和数据模型,并以输入/处理/输出(IPO)的结构方式表示。因此,必须分析系统的数据需求,这是软件需求分析的一个重要任务。

(3) 导出系统的逻辑模型。

就是在理解当前系统的基础上,抽取其"做什么"的本质。

(4) 修正系统开发计划。

(5) 建立原型系统。

2. 需求分析的步骤

(1) 调查研究。

(2) 分析与综合。

应注意下述两条原则:第一,在分层细化时必须保持信息连续性,也就是说细化前后对应功能的输入输出数据必须相同;第二,当进一步细化将涉及如何具体地实现一个功能时,也就是当把一个功能进一步分解成子功能,并将考虑为了完成这些子功能而写出其程序代码时,就不应该再分解了。

(3) 书写文档。

(4) 需求分析评审。

3. 需求分析的原则

(1) 必须能够表达和理解问题的数据域和功能域。

(2) 按自顶向下方法逐层分解问题。

4. 需求分析方法

大多数的需求分析方法是由数据驱动的,数据域具有三种属性:数据流、数据内容和数据结构。通常,一种需求分析方法总要利用一种或几种属性。

需求分析方法具有以下的共性。

(1) 支持数据域分析的机制;

(2) 功能表示的方法;

(3) 接口的定义;

(4) 问题分解的机制以及对抽象的支持;

(5) 系统抽象模型。

5. 需求规格说明与评审

需求规格说明从功能、质量和约束条件三个维度说明系统的要求。需求分析的评审必须从一致性、完整性、现实性和有效性 4 个不同角度验证软件需求的正确性。

3.3.2　需求过程的管理

需求管理的目的是为软件项目的需求在客户和项目组之间建立并维护一个协议。

1. 对需求过程进行管理的要求

（1）应为需求管理提供足够的资源和资金。

（2）对履行需求管理活动的人员提供相应的培训。

（3）需求应被文档化。

（4）需求评审时项目组和其他相关组的成员都要参与评审。

（5）在需求管理过程中，为了在软件开发生命周期中的不同阶段进行需求跟踪，应当建立和维护需求跟踪矩阵。

（6）项目组要将需求作为软件计划、工作产品和活动的基础。

（7）为了决定需求管理的活动状态，要执行量度，并对需求管理的状态及时汇报和评审。

（8）需求管理的活动应该由项目经理定期地组织评审或以事件驱动进行评审。

（9）SQA 代表定期地或事件驱动地评审需求管理过程的执行情况和工作产品的质量。

2. 获取需求的过程

1）用户需求调查及定义

① 需求调查。

② 分析需求信息。

③ 撰写用户需求调研报告。

④ 细化并分析用户需求。

⑤ 撰写产品需求规格说明书。

2）需求确认

① 非正式需求评审。

② 正式需求评审。

③ 获取需求承诺。

3）需求跟踪

① 建立和维护需求跟踪矩阵。

② 查找需求与后续工作成果的不一致性。

③ 消除需求与后续工作成果的不一致。

4）需求变更控制

① 需求变更申请。

② 审批需求变更申请。

③ 更改需求文档。

④ 重新进行需求确认。

3.3.3 需求获取的流程

1. 系统需求调查

需求分析人员调查系统需求,随时记录调查过程中所获取的需求信息,具体方式可以是:
(1) 访谈;
(2) 头脑风暴;
(3) 实地考察;
(4) 问卷调查;
(5) 原型制作。

需求分析人员分析已经获取的需求信息,消除错误,归纳总结共性的用户需求并撰写《系统需求调研报告》,它是反映系统需求及其起源的文档,同时也是进行下一步需求调研(以澄清现有需求中的不完整性和不一致等问题)和需求分析的基础。需求的获得是一个不断积累和完善的过程,当需求存在不完整性、二义性、不一致性、不可实现和不可测时,需要继续进行需求调研活动以纠正上述问题。

2. 需求分析和定义

根据所形成的系统需求调研报告,需求分析人员与系统架构设计师配合,综合分析需求的优先级、可实现性、风险和项目研发的前景来确定项目的范围,并产生需求文档。需求文档包括:
(1) 需求规格说明书。

根据软件需求规格说明书模板撰写软件需求规格说明书,它阐述系统必须提供的功能、质量以及所要考虑的限制条件,是系统的范围定义,需提供给用户确认。
(2) 用例图和用例使用场景。

在已获取的功能需求基础上使用 UML 建立用例图,根据用例使用场景模板对用例进行扩展,撰写用例使用场景。

3. 需求确认

项目经理先在内部组织项目开发小组成员进行非正式的需求评审,以消除明显的错误和分歧。然后项目经理邀请客户和最终用户一起评审需求文档,尽最大努力使需求文档正确无误地反映用户的真实意愿。

当需求文档通过正式评审后,开发方负责人(项目经理)和客户对需求文档做书面承诺(将需求文档作为合同的附件或者直接在需求评审报告上签字)。

4. 需求跟踪

项目经理负责指定项目开发小组相关成员根据需求跟踪矩阵模板建立需求跟踪矩阵,以反映需求与后续工作成果之间的关系。当本工作成果或前续工作成果发生变更时,项目开发小组相关人员及时更新需求跟踪矩阵。需求管理流程如图 3-1 所示。

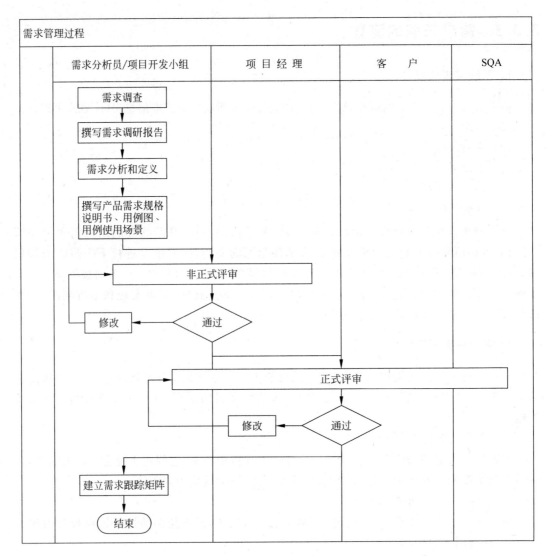

图 3-1　需求管理流程

需求过程的输入：

　　客户提供的需求或工作说明。

输出：

　　软件需求规格说明书；

　　需求评审报告；

　　需求跟踪矩阵。

3.3.4　需求管理的角色

控制机制：

（1）项目经理定期或以事件驱动的方式来评审需求。

（2）需求在基线前要进行评审。

（3）SQA 参与需求文档评审，评审需求活动是否遵循需求管理过程。

需求管理角色表如表 3-1 所示。

表 3-1 需求管理角色表

角 色	职 责
项目经理	组织需求文档的非正式评审和正式评审，并做书面承诺 为项目指定适当的需求分析员 定期检查需求文档与后续工作成果的不一致性，通报相关人员加以处理，跟踪处理结果 提出需求变更申请
需求分析员	需求调研 需求分析 建立需求文档 建立需求跟踪矩阵
项目开发小组	参与需求文档的非正式评审和正式评审 解决由于需求变更而带来的问题
客户（公司客户代表）	参与需求文档的非正式评审和正式评审，并做书面承诺 提出需求变更申请
SQA	评审需求管理及开发过程中的各项活动

3.4 需求说明书的撰写要求

3.4.1 需求文档的文字叙述要求

软件需求说明书的编制是为了使用户和软件开发者双方对该软件的初始规定有一个共同的理解，使之成为整个开发工作的基础，因此需求的描述要清晰，让用户也容易理解，在软件需求文档中进行叙述时有以下几点建议：

- 保持语句和段落的简短。
- 采用主动语态的表达方式。
- 编写具有正确的语法、拼写和标点的完整句子。
- 使用的术语与词汇表中所定义的应该一致。
- 需求陈述应该具有一致的样式，例如"系统必须"或者"用户必须"，并紧跟一个行为动作和可观察的结果。例如，"药品管理子系统必须显示一张所请求的仓库中有存货的药品清单。"
- 为了减少不确定性，必须避免模糊的、主观的术语，例如用户友好、容易、简单、迅速、有效、支持、许多、最新技术、优越的、可接受的和健壮的。当用户说"用户友好"或者"快"或者"健壮"时，应该明确它们的真正含义并且在需求中阐明用户的意图。当用户说明系统应该"处理"、"支持"或"管理"某些事情时，应该能理解和表达用户的想法。含糊的语句表达将引起需求的不可验证。

- 避免使用比较性的词汇,例如提高、最大化、最小化和最优化,应定量地说明所需要提高的程度或者说清一些参数可接受的最大值和最小值。

必须唯一地标识每个需求。对必须提交给用户的软件功能,应列出与之相关的详细功能需求,使用户可以使用所提供的功能执行服务或者使用所指定的使用实例执行任务。应描述产品如何响应可预知的出错条件和非法输入或动作。

3.4.2　对用例说明的要求

随着 UML 的日益普及,用例(Use Case)分析技术也在需求的功能说明中广泛被采用。但是也有许多团队在使用该技术时,只画出了用例图,而缺少用例说明,这是一个严重的误区。

用例的事件流描述应该说明系统内发生的事情,说明角色的行为及系统的响应,而不是事件发生的方式与原因。如果进行了信息交换,则需指出传递的具体信息。例如,只表述角色输入了客户信息就不够明确,最好明确地说角色输入了客户姓名和地址。当然也可以通过项目词汇表来定义这些信息,使得用例中的内容被简化,从而不至于让用例描述陷入过多的细节内容。

如果存在一些相对比较简单的备选流,只需少数几句话就可以说清楚,那么也可以直接在这一部分中描述。但是如果比较复杂,还是应该单独放在备选流小节中描述。

一幅图胜过千言万语,因此建议在事件流说明中,除了叙述性文字之外,还可以引用 UML 中的活动图、顺序图、协作图、状态图等手段,对其进行补充说明。

3.4.3　非功能需求的说明要求

非功能需求涉及法律法规、应用程序标准、质量属性(可用性、可靠性、性能、兼容性、可移植性等),以及设计约束等方面的需求。在这些需求的描述方面,一定要注意使其可量度、可验证,否则就容易流于形式,形同摆设。可以通过质量场景图对系统需要满足的质量要求进行定性或定量的说明。

(1) 易用性:例如指出普通用户和高级用户要高效地执行某个特定操作所需的培训时间;指出典型任务的可评测任务次数;或者指出需要满足的易用性标准(如 IBM 的 CUA 标准、Microsoft 的 GUI 标准)。

(2) 可靠性:包括系统可用性(可用时间百分比);平均故障间隔时间(MTBF,通常表示为小时数,但也可表示为天数、月数或年数);平均修复时间(MTTR,系统在发生故障后可以暂停运行的时间);精确度(指出系统输出要求具备的分辨率和精确度);最高错误率或缺陷率(通常表示为 bugs/KLOC,即每千行代码的错误数目或 bugs/function-point,即每个功能点的错误数目);错误率或缺陷率(按照小错误、大错误和严重错误来分类,需求中必须对"严重"错误进行界定,例如,数据完全丢失或完全不能使用系统的某部分功能)。

(3) 性能:包括对事务的响应时间(平均、最长);吞吐量(例如每秒处理的事务数);容量(例如系统可以容纳的客户或事务数);降级模式(当系统以某种形式降级时可接受的运行模式);资源利用情况:内存、磁盘、通信带宽等。

阐述具体的应用领域对产品性能的需求,并解释它们的原理以帮助开发人员做出合理的设计选择。确定相互合作的用户数或者所支持的操作、响应时间以及与实时系统的时间关系。还可以在这里定义容量需求,例如存储器和磁盘空间的需求或者存储在数据库中表的最大行数。尽可能详细地确定性能需求,可能需要针对每个功能需求或特性分别陈述其性能需求,形成多个具体的性能场景。例如,"在运行微软 Windows 2003 Server 的 2.4GHz 的计算机上,当系统至少有 50% 的空闲资源时,95% 的数据库查询必须在 2s 内完成"。

(4) 安全性:包括系统安全、完整或与私人问题相关的需求,这些问题将会影响到产品的使用和产品所创建或使用的数据的保护,定义用户身份确认或授权,应明确产品必须满足的安全性或保密性策略。

3.5 需求说明书内容框架

需求变更是无法避免的,发生需求变更的一个重要原因是系统周围的世界在不断变化,从而要求系统适应这个变化。在项目生命周期的任何时候或者项目结束之后都可以有需求变更。与其希望变更不会来临,不如希望初始的需求在某种程度上做得很好而使得没有变更需求,最好是项目准备时想到对付这些变更,以防变更真的到来。但不管做多少准备和计划都不可能阻止变更,期望项目在需求冻结后再开始是很难做到的。

需求规格说明的主要内容,即需求分析应交付的主要文档是需求规格说明。软件需求规格说明的一般格式如下:

(1) 引言;

(2) 任务概述;

(3) 数据描述;

(4) 功能要求;

(5) 质量需求;

(6) 运行需求;

(7) 其他要求;

(8) 附录。

3.6 需求原型工具 Axure

Axure RP 是一个专业的快速原型设计工具,Axure 代表美国 Axure 公司,RP 则是 Rapid Prototyping(快速原型)的缩写。Axure RP 是美国 Axure Software Solution 公司旗舰产品,是一个专业的快速原型设计工具,让负责定义需求和规格、设计功能和界面的专家能够快速创建应用软件或 Web 网站的线框图、流程图、原型和规格说明文档。作为专业的原型设计工具,它能快速、高效地创建原型,同时支持多人协作设计和版本控制管理。

Axure RP 已被一些公司采用。Axure RP 的使用者主要包括商业分析师、需求分析师、信息架构师、可用性专家、产品经理、IT 咨询师、用户体验设计师、交互设计师、界面设计师等，另外，架构师、程序开发工程师也在使用 Axure。

　　Axure 的可视化工作环境可以让用户轻松快捷地以鼠标单击的方式创建带有注释的线框图。不用编程，就可以在线框图上定义简单连接和高级交互。在线框图的基础上，可以自动生成 HTML(标准通用标记语言下的一个应用)原型和 Word 格式的规格。

第 4 章

设计类文档写作

4.1 软件设计过程

　　什么是设计？设计是创意，更是一种思考的方法和态度。软件设计是将软件开发技术和手段实用化的重要途径，随着软件开发技术的进步，设计师们在考虑：如何让软件技术在第一时间服务于人，而且用得简单、便捷。因此，设计表现为三个层次：一是解决问题，二是发现需求，三是创造需求。

　　传统观念里，设计就是在设计产品本身。但是，设计已经成为一种理念，不仅局限在软件功能和使用界面，而成为了一种生活方式的改变。例如智能手机、互联网＋等正在改变人们的生活。"设计生活"是对设计的最新诠释，设计逐步转向一个新的主题：如何将更多的价值释放出去。

　　软件设计有三个原则：设计以人为本，设计提升企业竞争力，设计传播优秀企业文化。

　　传统意识对设计的认识存在两个误区。第一个误区：大系统才需要搞设计。实际上，设计是每个系统都可以运用的一种手段和方法。对从事中小软件系统开发的企业来说，只有脱离了针对具体项目的单纯开发，才有可能在市场竞争中脱颖而出。第二个误区：设计无疑是在增加成本。实际上，通过设计价值链（如产品线、扩展性和灵活性等），在改良操作界面和完善架构的同时，通过卖给不同客户，能大大降低企业的成本，增加了产品的附加值。企业通过设计形成自己的产品风格，这种为大众认可的风格可进一步转化为品牌。

　　设计的目的是让创意性的东西应用于涉众，服务于涉众，一切为人服务。传统的操作菜单以文字为主，存在着不同语言背景理解沟通的问题，如果用图片来表示，这个问题就不存在了。这就是无障碍设计，无障碍意味着沟通的无障碍。

　　传统上，设计分为概要设计和详细设计。随着项目的日益复杂以及人们在软件工程领域对架构认识的不断深入,在项目中开始逐步把架构设计从概要设计中独立出来,这种区隔非常必要。架构解决系统关键性需求(驱动因素)的设计,形成抽象的基础结构,如分层结构,划分子系统或模块,形成子系统或模块接口。概要设计解决子系统或模块内部的交互设计,形成模块中核心类以及类的接口定义,或者形成子模块的划分,最小子模块的代码一般要控制在 100 行以内。详细设计解决模块的具体设计,如算法,类的私有方法等。

软件设计过程的文档描述架构设计、概要设计、详细设计、数据库设计和用户界面设计中的各项执行活动,从而在需求与编码之间建立桥梁,指导开发人员去实现能满足用户需求的软件产品。

1. 角色和职责

设计中相关的角色和职责如表 4-1 所示:

表 4-1　设计过程的角色和职责

角　　色	职　　责
架构设计师	管理并评审技术预研、架构设计、概要设计、详细设计和数据库设计等活动 在设计过程中明确担当人员及职责 负责与用户沟通,对需求内容进行确认 与 SQA 代表合作、检查设计过程 评审设计文档 就设计文档取得客户确认和签字认可
设计人员/开发人员	进行技术方案、系统设计和数据库设计等活动
SQA	评审设计过程中的活动,评审设计文档 审计设计管理工作执行情况 报告评审及审计结果

控制机制如下:

(1) 对关键或者有必要的设计文档进行同行评审。

(2) 由设计评审小组对设计文档进行评估。

(3) 由 SQA 对整个实施过程进行监测。

2. 设计步骤

软件设计流程如图 4-1 所示,主要设计步骤如下:

1) 设计准备

项目经理分配系统设计任务,包括架构设计、概要设计、详细设计、用户界面设计、数据库设计等。如果系统设计的工作量比较大,参与人员比较多,可能产生一份阶段性的计划,在项目计划中按照阶段性的时间编写计划。

设计人员阅读需求文档,明确设计任务,并准备相关的设计工具(如 Rational Rose 和 Auxre)和资料。

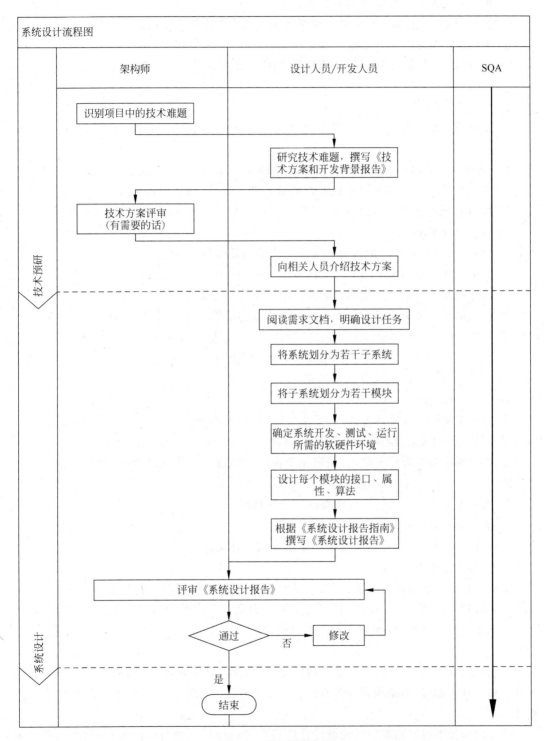

图 4-1 系统设计流程

2）确定影响系统设计的非功能需求

架构设计人员从需求文档如软件需求规格说明书中提取非功能需求，包括：

① 本系统应当遵循的标准或规范；

② 软件、硬件环境（包括运行环境和开发环境）的约束；

③ 接口/协议的约束；

④ 用户界面的约束；

⑤ 软件质量属性要求，如可靠性、性能、易用性、安全性、可扩展性、兼容性、可移植性等。

有一些假设、依赖或要求并没有在需求文档中明确指出，但可能会对系统设计产生影响，设计人员应当尽可能地加以明确并在此处说明。例如，被忽略的质量属性要求，对用户教育程度、计算机技能的一些假设或依赖，对支撑本系统的软件硬件的假设或依赖等。

3）确定设计策略

架构设计人员根据产品的需求并考虑本产品的发展战略，确定设计方案，例如：

① 架构样式。根据本产品的功能性需求和非功能性需求，确定采用哪些架构样式。

② 设计模式。根据本产品的功能性需求和非功能性需求，确定采用哪些设计模式。

③ 扩展策略。说明为了方便本系统将来可能的扩展功能，现在采取的措施。

④ 重用策略。说明本系统在当前"重用什么"以及将来"如何被重用"。

⑤ 权衡策略。说明当两个目标难以同时被优化时如何折中，例如"时-空"、复杂性与实用性、不同质量属性之间的相互影响等。

4）系统架构设计

① 按照架构样式和设计模式，将系统分层，分解为若干子系统，确定每个子系统的功能以及子系统之间的关系，绘制系统的各种结构图（包括逻辑视图和物理视图）。

② 将子系统分解为若干模块，确定每个模块的功能以及模块之间的关系，绘制子系统的结构图。

③ 确定系统开发、测试、运行所需的软硬件环境。

5）撰写系统架构设计文档

架构设计人员根据指定的模板撰写系统架构设计文档。

6）架构设计评审

架构设计人员邀请同行专家、开发人员和用户对架构进行评审，包括技术和使用两方面要求。架构评审的重点不是简单的"对还是错"，而是要考察系统的综合能力。设计评审的要素应根据产品特征而定，例如技术是否合适、稳定性、性能、容量、安全性、可扩展性、可复用性等。

① 架构设计师确定是否需要安排同行评审的工作，对系统架构设计和数据库设计进行评审。如果评审通过，则架构设计过程结束。如果不通过，则设计人员修改设计，直至评审通过。

② 由 SQA 小组定期对项目的设计管理情况进行评审。填写《设计过程检查清单》，呈报上级，同时反馈给项目组。

7）概要设计

根据架构设计确定的各子系统、模块，对其中的类和接口进行设计。

8）详细设计

根据概要设计确定的类，对其具体的算法、数据结构进行设计。

9）设计结束准则

系统架构设计报告、系统概要设计报告、系统详细设计报告已经完成，并且通过了技术评审。

10）设计中的量度

设计人员统计工作量以及文档的规模，汇报给项目经理。项目经理将这些数据反映在项目状态报告中。

设计过程要求对下述数据进行采集量度：

① 界面数、报表数、子系统数、模块数、数据库表数。

② 设计文档页数。

③ 设计变更请求数量/设计变更确认数量。

11）设计变更管理

设计文档管理基线建立以后，应客户要求或者项目组内部要求所发生的任何设计变更，都需要填写变更申请表，经由项目经理评审认可，并由配置管理人员重新生成设计文档管理基线。

变更管理的具体流程请参阅变更管理过程。

4.2　软件架构设计

4.2.1　架构的概念

1. 软件架构的定义

软件构架是在一定的设计原则基础上，从不同角度对组成系统的各部分进行搭配和安排，形成系统的多个结构而组成架构，它包括该系统的各个组件、组件的外部可见属性及组件之间的相互关系。组件的外部可见属性是指其他组件可对该组件所做的假设，如该组件提供的功能、具备的性能特征、容错能力、共享资源的使用。

架构又称构架，是体系结构的简称。

2. 与软件构架对应的多种结构

（1）模块结构：体现了任务的划分，每个模块有其接口描述、代码和测试计划等，各模块通过父子关系联系起来，在开发和维护阶段用于分配任务和资源。

（2）类结构：对象之间的继承或实例关系。

（3）进程结构：运行系统的动态特征，包括进程间的同步关系、缺少不能运行、存在不能运行、先后等关系。

（4）数据流：模块之间可能发送数据的关系，最适合用于系统需求的追踪。

（5）控制流：模块或系统状态之间的"之后激活"的关系，适合于对系统功能行为和时序关系的验证。

（6）使用结构：描述过程或模块之间的联系，这种联系是"假设正确存在"的关系，用于设计可轻松扩展的系统。

所谓使用是如果过程 A 的运行必须以过程 B 的正确运行为前提，则说过程 A 使用过程 B。

（7）层次结构：是一种特殊的使用结构，层就是相关功能的一致集合，在严格的分层结构中，第 n 层仅能使用第 $n-1$ 层提供的服务。

（8）调用结构：（子）过程之间调用和被调用的关系，可用来跟踪系统的执行过程，调用者不需要被调用者能正确运行。

（9）物理结构：软件与硬件之间的映射关系，在分布式或并行系统中有重要意义。

4.2.2　以架构为中心的迭代开发周期模型

任何把软件架构作为其软件开发基础的组织都要考虑软件架构在软件开发生命期中的位置。目前存在多种生命期模型，其中把架构设计作为软件生命期中一个环节的生命期模型，是演变交付生命期模型。该生命期模型的目的是获得用户意见和反馈，并在发布最终版本前进行多个版本的迭代。在迭代过程中，允许对前一个版本进行功能的添加，在开发足够的功能后，可以发布功能受限制的版本。

在图 4-2 的迭代模型中，架构设计和软件需求分析可以说是同时进行的，即需求分析和架构设计是相互进行迭代的。很显然在获得需求之前是不能够进行架构设计的，但是这并不是说必须在进行完需求分析后才能够进行架构设计，刚开始进行架构设计的时候不需要获得太多的需求，而是需要获得比较重要的需求。

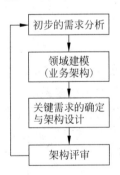

图 4-2　架构设计与需求的迭代

比较重要的功能、质量和限制条件的集合形成软件架构设计的驱动因素（关键需求），驱动因素塑造了软件架构，但是并不是每个业务目标都是驱动因素，驱动因素是对软件架构影响较大的需求。为了确定驱动因素，需要识别业务目标优先级较高的要求，这样的业务目标应该很少。可以用质量属性场景和用例来描述业务目标，然后从这些业务目标中选择对架构影响较大的需求，根据经验架构驱动因素应该少于十个。

确定了架构驱动因素后,就可以进行架构设计了。但是架构设计中产生的问题又会反过来影响需求分析过程,从而导致重新分析一些业务目标优先级较高的需求。

架构就是设计,但并非所有设计都是架构。如何确定构架驱动因素,就是看业务目标的优先级,看业务目标所处的位置,来看一个例子。

数的位置法则:同一个数字,写在不同的数位上,它所表示的数不同。例如,258,数字2在百位上,表示2个100,数字5在十位上,表示5个10,数字8在个位上,表示8个1。所以每一个数字除了有它本身的数值意义外,还有它所占的位置意义,这就是记数的位置原则。

关键需求的确定同样可以引用位置法则,也就是区分不同涉众的重要性,然后对他们所提要求赋予不同的权重,最后综合得到关键需求。客户(领导)往往最重要,他们所提要求具有最高优先级,例如客户可能就提一个要求,项目必须3个月完成,其数值为1,但在百位上。普通用户的重要性往往较小,他们所提要求的优先级较低,但用户数量可能很多,例如普通用户要求操作界面简洁易用,这一要求在个位上。如果系统在局域网环境下使用,用户数不多,那么客户的要求显然具有较高的优先级;如果系统在互联网环境下使用,用户可能成千上万,这一小小要求可能就变得非常重要了。

质量属性之间是相互影响的,一个质量属性的获取对其他质量属性可能产生正面或负面的影响。任何质量属性都不可能在不考虑其他属性的情况下单独获取。基于这个原因,实际中只有少数几个质量属性在架构设计中的重要性最高,它们通常会左右架构风格的选择。优秀的软件产品反映了这些竞争性质量特性的优化平衡。

4.2.3 领域建模

领域模型是在领域分析阶段以需求规格说明和解决方案领域知识为前提,以重用为目标,捕捉、确认和组织问题领域的知识而产生的。首先要知道领域模型是对实际问题领域的抽象表示,它专注于分析问题领域本身,发掘重要的业务领域概念,并建立业务领域概念之间的关系。通常用类图或者状态图对领域模型建模,通常类图用得最多,状态图可以用来对业务领域对象的状态变化进行有效的补充说明。得到的领域模型就是成功项目之间的"相似之处",领域建模是公认的促使 OO 项目成功的最佳实践之一。这一建模过程如图 4-3 所示。

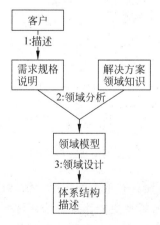

图 4-3 领域模型建模过程

在进行需求分析的时候存在两个典型的困难:一方面,由于用户的参与不足,使得需求分析成果中的假设成分太多;另一方面,在用户真正使用了软件系统一段时间之前,他们往往并不明确自己需要什么。对于这种情况除了使用原型等方法进行需求启发之外,有必要和用户进行"更深层次"的沟通,这正是需要领域模型的原因。领域模型是对实际问题领域的抽象,它穿过用户想要的功能的表象,专注于分析问题领域本身,发掘重要的业务领域概念,并建立业务领域概念之间的关系。因此开发方和用户在领域模型上达成的共识比在功能需求上达成的共识更深一级,从而更加稳固。不仅如此,在需求分析过程中,可能会因为对关键领域问题的理解不足而无法进行需求分析,在这个时候同样需要借助于领域建模。在具体的领域建模过程中,可以搞清楚一部分领域知识,将此部分知识建模并将模型在整个项目公开,然后再搞清楚其他的知识,再建模并将模型公布于项目组,如此反复地进行。

领域模型是探索问题领域的工具,可以帮助用户探索和提炼问题领域知识,它跟需求分析之间存在着密切的关系,从本质上来说,领域建模和需求分析活动是相互伴随,相互支持的,如图 4-4 所示。一方面领域模型提供的词汇表应该成为所有团队成员使用语言的核心,在需求活动以及其他活动中起到团队交流基础的作用。另一方面,需求捕获和分析非常关键,因为不知道客户想要什么,就不能提供让客户满意的软件。

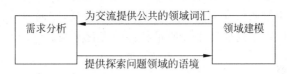

图 4-4　领域建模与需求捕获之间的关系

领域建模和需求分析是同时产生和交叠演进的,图 4-5 展示了常见的项目过程是如何演进的。

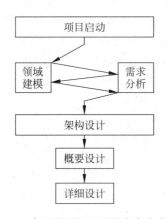

图 4-5　常见的项目过程是如何规划的

领域模型对整个软件开发过程具有重大的作用。领域模型为需求定义提供了领域知识和领域词汇。较之《词汇表》,领域模型更能体现各个领域概念之间的关系,另外界面的设计往往和领域模型的关系密切,这是因为一方面领域信息是软件界面所要展示内容中最重要的部分;另一方面,界面结构必须与业务内容的结构相一致,否则会使软件晦涩难懂。领域模型决定了软件功能的可能范围,模型的选择影响了系统的灵活性和可重用性,不仅如此,领域模型还是设计持久化数据模型的良好基础,可以直接将领域模型映射为物理数据模型。图 4-6 展示了领域模型在软件开发过程中的作用。

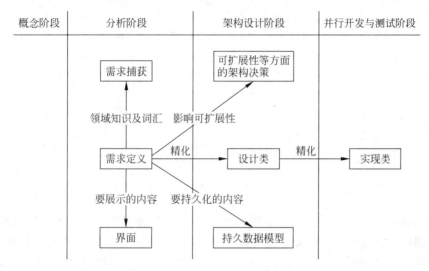

图 4-6　领域模型在软件开发中的作用

软件的架构设计对整个软件开发过程举足轻重,而领域模型对构架设计的成功与否又起着重要的作用。领域模型对软件架构乃至整个软件系统开发工作的作用可以归纳为以下三个方面:

(1) 探索复杂问题,固化领域知识。

(2) 决定功能范围,影响可扩展性。

(3) 提供交流基础,促进有效沟通。

但是,从领域模型直接驱动架构设计存在缺陷:领域驱动的架构设计方法把领域解释为问题领域,这样一来,就非常类似于用例驱动方法了,而由于场景关注的是问题领域和系统的外部行为,从基于场景的领域模型正确导出软件架构的抽象效果会更差。因此,在领域建模的基础上,采用非功能需求驱动架构设计方法。

4.2.4　非功能需求驱动的架构设计

非功能驱动的架构设计方法是林・巴斯在《软件构架实践》一书中提出的,这里简述并和功能驱动方法做一对比。非功能驱动的架构设计是以质量和约束为基础来进行架构设计的,根据质量场景和约束,利用架构样式、设计模式和战术设计架构,得出分析类,此时得出的分析类没有功能,只有质量和约束。等得到了所有的分析类后就可以将相应的功能添加到分析类中,然后通过概要设计和详细设计就可以得到详细类。Rational 统一过程也有几个进行架构高层设计的步骤,但它是以功能为基础进行架构设计的,通过用例得出相应的分析类,此时的分析类中是有功能描述的,然后经过详细设计就可以得到详细类了。虽然

Rational 过程也关注质量和约束，但核心是围绕功能而展开。可以把非功能驱动的架构设计方法看作对大多数其他设计方法的扩展，如 Rational 统一过程，它遵循 Rational 所描述的过程，但质量和约束被作为设计首先要解决的问题，功能次之。

非功能驱动的架构设计过程和一般 Rational 过程的比较如图 4-7 所示。

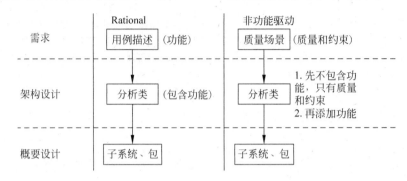

图 4-7　Rational 过程与非功能驱动过程的比较

非功能驱动的架构设计方法也是基于分解的思想，但将架构的设计基于质量属性分解。它是一个递归的分解过程，在每次的递归过程中都要选择架构样式、设计模式和战术来满足一组质量属性场景，然后对功能进行分配，以实例化由该模式所提供的模块类型。在生命期中，非功能驱动的构架设计位于需求分析之后，只要明确了构架驱动因素，非功能驱动的架构设计就可以开始了。

非功能驱动的架构设计的结构是架构的模块分解视图和其他视图的最初几个层次。并不是视图的每个细节都是通过非功能驱动的架构设计得到的，系统被描述为功能和功能之间交互的一组容器。这一组容器就是软件设计过程中的第一个连接点，因此肯定是粗粒度的。尽管如此，它对实现期望的质量属性和满足限制条件来说是非常关键的，并且它为实现功能提供了一个框架。由非功能驱动的架构设计得出的框架与已经为详细实现做好准备的框架之间的区别是：是否做出更详细的设计决策。根据非功能驱动的架构设计的框架可能会故意推迟这种决策，直到具有更大的灵活性为止。

非功能驱动的架构设计的输入是一组功能需求（通常表示为用例）、质量需求和限制条件。非功能驱动的架构设计要求把质量需求表示为一组特定系统的质量场景，形成场景的选择列表，作为架构设计的输入。

非功能驱动的架构设计依赖于对驱动因素的识别，在确定了所有的驱动因素后，就可以开始设计了。当然在设计过程中关键的架构驱动因素会发生变化，或者是因为更好地获得了需求，或者是因为需求发生了变化。尽管如此，当比较全面和自信地知道了驱动因素之后，非功能驱动的架构设计过程就可以开始了。

非功能驱动的架构设计的设计步骤如下：

1. 选择要分解的对象

开始的时候，要分解的对象通常是整个系统，该对象的所有输入应该是全部的需求，所要求的输入应该是可获得的。分解通常从系统开始，然后将其分解为子系统，再进一步将子系统分解为模块。

2. 按照以下步骤对目标对象进行求精

（1）从具体的质量场景、限制条件和功能需求中选择构架驱动因素，这一步对模块的分解至关重要。应该在目标对象的高优先级需求中发现这些驱动因素，但是驱动因素的确定并不是一个自上而下的过程，有的时候需要进行详细的调查研究来理解特定的质量需求和约束。例如，对于某个特定系统配置来说，性能是否满足要求。在这种情况下，只能建立一个原型系统，通过对原型系统的运行结果来分析是否满足性能要求。

模块分解根据驱动因素进行，分解的模块应该满足其他需求，但是首先要满足的应该是最重要的需求，也就是驱动因素。只有满足了驱动因素之后才考虑满足其他的需求，这也是非功能驱动的架构设计方法与其他架构设计方法的一个重要区别。

（2）选择满足架构驱动因素的架构样式和战术。在这一步中首先根据需要满足的质量属性选择架构样式，然后选择可以实现驱动因素的战术或设计模式，并确定实现这些战术的子模块。

对于每个质量属性场景，都有相应的战术，但是当采用一种战术的时候会对其他质量需求产生影响。在架构设计中，需要对采用的多个战术进行综合平衡来实现目标对象需要满足的多个质量需求。

该步骤的目标是建立一个由模块组成的软件架构，通过组合选定的战术来构造，并且满足了软件驱动因素。有两个主要的因素来支配战术的选择：第一个是架构驱动因素的选择，另一个就是选择的战术对其他质量需求的影响。

可以假定性能和可修改性是关键的质量属性。可修改性战术是"局部化变更"、"防止连锁反应"以及"推迟绑定时间"。而且因为可修改性场景主要与将在系统设计期间出现的变更相关，因此主要的战术是"局部化变更"。可以选择语义一致性和信息隐藏作为所采用的战术，并把它们结合起来，为受影响的区域定义处理办法。而性能战术可能主要就是"资源需求"和"资源仲裁"，分别为其选择一个战术："提高计算效率"和"选择调度策略"。

（3）实例化模块并根据用例分配功能，使用多个结构来进行表示。在具体的系统中一般会有多个模块，每个功能组都将有一个模块与之对应，功能的分配是对模块的实例化。用于分配功能的标准类似于基于功能的设计方法中所使用的标准，如大多数面向对象的设计方法。

在进行功能分解的时候，可以通过对父模块相关用例的分析来更详细地了解功能的分布情况，这样可能导致子模块的删除或者增加，从而实现父模块的所有功能，但是父模块的每个用例都必须可以用一系列子模块的功能来实现。

在分解子模块的时候，分配责任还会帮助用户发现必要的信息交换，这些信息交换使得在模块之间产生了生产者/消费者关系。但是这时信息交换的方式并不是需要讨论的内容，这是在设计过程的后期需要回答的问题，此时只是对消息本身和生产者与消费者感兴趣。一些战术引入了模块之间进行交互的特定的样式。例如，发布——订阅样式的仲裁者战术将引入用于其中一个模块的"发布"模式，和用于其他模块的"订阅"模式。应该记录这些交互的模式，因为对受影响的模块来说，它们转化成了责任。

以上这些步骤足以使用户确信系统已经提供了所期望的功能,为了检查系统是否满足了期望的功能,不仅需要到目前为止分配的责任,还需要动态和运行时的部署信息以对质量属性的实现进行分析,如性能,安全性和可靠性。这时就要对模块分解结构进行分析。

在使用结构表示构架的时候可以使用 4 种主要的结构(模块分解、分层、进程和部署),并对其中的某个结构展开讨论,但是方法本身并不会依赖于所选择的结构,如果要展开其他方面可以引入其他的结构。下面简单地讨论非功能驱动的架构设计使用的 4 种常见的结构。

模块分解结构:该结构在分配责任的时候,还可指出如何提供责任容器的方法,也可以用数据流图说明模块之间主要的数据流关系。

分层结构:在采用 J2EE 框架、.NET 框架或者 MVC 设计模式时,就已经继承了它们的分层思想,主要是划分为表示层、业务层和数据访问层。

进程结构:可以对系统的动态方面(并行活动和同步)建模。建立该模型有助于解决系统中的资源争用,数据不一致和可能出现的死锁问题。进程结构说明"与……同步","开始","取消","与……通信",以便能够在适当的时候分配责任。

为了理解系统中的进程并发,可以对下面的几种情况进行说明:

① 两个用户同时做类似的事情。这种情况下更应该着重考虑资源争用和数据完整性问题。

② 一个用户同时执行多个活动。这种情况下要着重考虑数据交换和活动控制的问题。

部署结构。如果系统中采用了多个处理器或者专门的硬件,那么从部署到硬件都有可能出现额外的责任。使用部署结构有利于确定和支持实现期望的质量属性的部署。部署结构导致了并发视图的虚拟线程,并发视图又分解为特定处理器中的虚拟线程和在处理器间进行传输的消息,其中消息会启动操作序列中的下一个操作。因此,消息是分析网络通信和确定潜在拥塞的基础。

部署结构不是任意的。对于模块分解和进程结构,架构驱动因素有助于确定组件到硬件的分配。例如,复制战术,这种战术通过在不同的处理器上部署复制品,提供了实现高性能和高可靠性的手段。实时调度战术,这种战术实际上阻止了在不同处理器上的部署。

(4) 定义子模块的接口,接口定义了模块与模块之间交互类型的限制。对于每个模块,应该将信息写到模块的接口文档里面。

模块的结构展示了所提供的功能和所要求的属性。根据模块分解结构,进程结构和部署结构对分解进行分析并编成文档揭示了子模块的交互假定,应该在子模块接口中将其编成文档。

模块分解结构对以下信息进行编档:

① 信息的生产者/消费者;

② 要求模块提供服务并使用它们的交互模式。

进程结构对以下信息进行编档:

① 线程间的交互,它们会涉及提供或者使用服务的模块接口;

② 组件活动的信息,例如自己的线程在运行;

③ 组件同步,序列化和拥塞呼叫的信息。

部署结构对以下信息进行编档：

① 硬件需求，如专用硬件；

② 时间需求，如处理器的计算速度；

③ 通信需求，如传输数据流的速度。

模块的接口文档中要包含所有上面的信息。

（5）验证用例和质量场景并对其求精，使得它们成为对子模块的限制。这一步主要验证子模块中重要的内容，并使得子模块为进一步分解和实现做好准备。

功能需求。每个子模块都有从分析功能需求中得到的责任。可以把该责任转换为子模块的用例。定义子模块用例的另一种方法就是分离父用例并对其求精。例如，把整个系统的初始化分解为对子系统的初始化。

限制。可以用三种方法来满足父模块的限制。

① 通过分解来满足限制。例如，可以通过将某个操作系统定义为子模块来满足对整个操作系统的限制。如果使用这种方法满足了限制，则不需要再做更多的工作。

② 通过单个子模块来满足限制。例如，可以使用一个专门的协议，通过为该协议定义一个专门的子模块来满足限制。限制是否得到了满足，取决于子模块的分解情况。

③ 由多个子模块来满足限制。例如，使用 Web 就需要用两个模块（客户机和服务器）来实现所需要的协议。

质量属性场景。必须对质量属性场景进行求精，并将它分配给子模块，这可以通过分解的方式来实现，而且这种分解可以是中性的。在分解过程中就可以完全满足质量属性场景求精的要求，而且不会产生任何其他的影响。但是在当前的分解不能够满足质量属性场景求精的时候，就应该考虑重新分解，如果不能重新分解就应该把这种分解不能满足质量属性场景的原因记录下来。在分解过程中，可以通过对当前子模块有限制的分解来满足质量属性场景。例如，使用层可能满足一个具体的可修改性场景，但反过来又会限制子模块的使用模式。

在（5）结束后，模块被分解成子模块，每个子模块都有一组责任，而且拥有了一组用例、接口、质量属性场景以及限制集合。这些条件足以开始分解下一轮迭代。

（6）对需要进一步分解的模块重复上述步骤。

4.3　软件架构文档

4.3.1　软件架构文档写作要求

1. 概述

架构设计的重点在于根据系统的不同视角和对质量的要求，设计出系统的不同结构，通常最主要的结构是将系统分层并产生层次内的模块，阐明模块之间的关系。

架构设计的一个核心内容就是公共可复用组件的抽取和识别，包括了功能组件和技术组件，需要识别出来哪些是可复用的，如何进行复用。对于复用层次本身又包括了数据层复用,逻辑层组件复用,界面层 UI 组件的复用等。复用是架构价值体现的另一个关键点。

2. 写作角色

架构设计师和子系统设计人员。

3. 撰写要求

架构文档肯定不是一种"通用"(one size fits all)情况,它取决于涉众对架构文档的不同需求。架构文档应该足够抽象,以使普通用户能够很快理解;但也要足够详细,能够作为分析设计的蓝图。用于安全性分析的文档和编程人员使用的文档将有很大不同,这两种文档又不同于为用户了解该构架提供的文档。

构架文档不仅是说明性的,也是描述性的。对于某些涉众来说,它通过对要制定的决策做出限制,来说明哪些内容是真实的。对于其他涉众来说,它通过叙述已做出的关于系统设计的决策,来描述哪些内容是真实的。

构架编档的目的是根据不同涉众的需要编制具有不同种类的信息、不同详细程度的信息,以满足他们各自的需要。

构架编档的作用是帮助涉众快速找到他们所感兴趣的信息,并且尽量不提供无关的信息。

4.3.2 软件架构文档内容框架

结构模板是结构的标准组织结构,它定义了结构文档的标准部分和每一部分的内容与规则,它可以帮助读者在感兴趣的部分快速查找信息,而且它能够帮助编写人员组织信息,并明确还有多少工作没有完成。结构模板是结构文档撰写的基础。

1. 结构设计文档

结构设计文档的内容组织还没有工业标准模版。在实践中,结构设计文档通常包括下面 7 部分内容:

(1)展示结构中的组件和组件之间关系,常用图形方式。

(2)详述结构中提到的组件和组件之间的相互关系,还包括组件的接口和行为。

(3)系统与其环境相关的上下文关系,可以用图形表示。

(4)存在的可变性,包括:

① 要在其中做出选择的选项。

② 做出选择的时机。

(5)解释结构设计的背景,包括:

① 基本原理。

② 分析结果。

③ 设计中所反映的各种假定。

(6)结构中所采用的术语列表。

(7)其他信息。

组件的接口描述应该精确而简练,应该使文档查阅者快速找到所需的信息,并能体现信息隐藏,其内容包括:

(1)引言——非正式地介绍组件所提供的功能,包括接口标识。

(2)接口概述——以表格形式对组件所提供的功能进行概要介绍,包括语法、语义和使用限制。

(3)本地数据类型字典。

(4)接口能提供的质量属性。

(5)不期望事件——定义与组件所报告的每个不期望事件相对应的条件,包括基本假设。

(6)输出参数。

(7)接口设计问题——对任何曾考虑采用的其他设计方案及最终未采用的原因进行说明。

(8)实现备忘。

2. 结构之间关系文档

结构之间关系文档用于提供构架的整体信息,说明多个结构之间的相互关系,它由三部分组成:

1)构架概述

对系统做一个简洁的概述,使读者了解系统的目的,系统结构之间的关联方式、组件列表和组件出现的位置,以及适用于整个构架的词汇。

系统概述简要地描述系统的背景、主要功能和相关用户,目的是使读者在头脑中对系统及其目的有一个一致的模型。

因为构架的所有结构描述的都是同一系统,结构文档之间必然存在一定的重复和关联,说明结构之间的关系可以帮助读者了解架构是如何作为一个整体发挥作用的,这是加深理解和减少混淆的关键所在。没有必要说明每对结构之间的关联,重点应介绍提供了关键信息的结构之间的关系。

组件列表就是出现在结构中的各个组件的索引,连同一个指向组件位置的指针,这有助于读者快速找到自己感兴趣的内容。

项目词汇列出并定义系统的专业术语或缩写。

2)构架设计的基本思路

介绍系统所处的外部环境,相关约束条件,以及构架设计的基本思想和解决方案,它包括:

① 系统应满足的功能需求、质量需求和限制条件。

② 系统级的设计决策和解决方案。

③ 系统发生一个可预见性的变化时对构架的影响。

④ 拒绝采用该方案的原因。

3)架构文档的组织和安排

给出架构文档的目录和结构说明,使读者能够快速有效地找到所需信息。架构文档的

目录主要由结构目录组成,结构目录应包含以下信息:

① 结构的名称,描述该结构的目的以及它所采用的样式。

② 结构的组件和属性描述。

③ 结构文档的管理信息,如版本、作者等。

4.4　概要设计说明书

4.4.1　概要设计说明书写作要求

1. 概述

概要设计根据架构设计的内容对每个子系统或模块的设计进一步细化,概要设计的重点在于将模块分解为对象并阐明对象之间的关系。架构设计在系统级,而概要设计在子系统或模块级。以建筑设计来比喻,架构设计是把一个建筑的所有结构定义清楚,包括地基深度,核心框架和承重结构,每一层的结构布局,分为几个套间,每个套间的水、电、气等管道接入点等。而概要设计要做的是对于一个套间,来考虑这个套间内部该如何设计,如何划分功能区域,如何将水、电、气接入点进一步在房间内延伸,哪些地方需要进一步增加非承重的隔断等。

在架构设计的时候,除了很少部分的核心用例,大多数功能都不会涉及具体的用例。到了概要设计,需要进一步细化模块,要考虑涉及哪些功能点,具体的每个功能点究竟如何实现都必须要考虑到。模块所涉及的核心类要全部列出来,给出类关系图。数据库设计也进一步细化到该模块的数据库物理模型。对于用例进行实现分析,在实现分析过程中每个类核心的 public 方法应该全部分析识别出来。

对于架构设计的接口,概要设计也需要进一步细化,细化出接口具体的输入输出和使用方法,包括模块应该使用哪些外部接口,模块本身又对外提供哪些接口都必须细化清楚。做概要设计的时候一定要清楚当前设计的这个模块在整个应用系统架构中的位置,与外部的集成和交互点。

概要设计不需要详细设计那么细化,如类里面的私有方法,public 方法的具体实现步骤和逻辑、伪代码等都不是在概要设计时完成。但是概要设计对于核心的业务逻辑必须要设计清楚,说明实现的机制和方法。涉及多个业务类间的交互调用是重点,一个简单的功能增删改查,则完全没有必要给出时序图。

其次架构设计中给出了各种质量属性如安全、性能的设计。那么在概要设计中需要根据架构给出的各种实现方案和技术,进行选择和使用。例如,缓存是提高性能的战术,但不是所有功能都需要缓存,那就要说清楚哪些功能根据分析是需要缓存的、缓存哪些对象以及缓存本身的时效性如何设置等问题。

概要设计要达到一个目的,就是不论是谁根据概要设计来做,最终实现出来的模块都不会走样,模块最终实现出来能基本满足对质量的要求,也能满足对功能的要求。

2. 概要设计任务

（1）确定模块结构或类结构，划分功能模块，将软件功能需求分配给所划分的最小单元模块。确定模块间的联系，确定数据结构、文件结构、数据库模式，确定测试方法与策略。

（2）编写概要设计说明书、用户手册、测试计划，选用相关的软件工具来描述软件结构，选择分解功能与划分模块的设计原则，例如模块划分独立性原则，信息隐藏原则等。

3. 概要设计的过程

在概要设计过程中要先复审系统计划与需求分析，按照架构设计方案进行子系统或模块设计，确定子系统或模块结构，一般步骤如下：

（1）设计子系统或模块方案。

（2）选取一组合理的方案。

（3）推荐最佳实施方案。

（4）功能分解。

（5）子系统或模块结构设计。

（6）数据库设计、文件结构的设计。

（7）制订测试计划。

（8）编写概要设计文档。

（9）审查与复审概要设计文档。

4. 概要设计原则

（1）模块独立性。

模块独立性是软件系统中每个模块只涉及软件要求的具体子功能，而和软件系统中其他的模块接口是简单的。

模块独立的概念是模块化、抽象与逐步求精、信息隐蔽和局部化概念的直接结果。具有独立模块的软件比较容易开发出来，这是由于能够分割功能而且接口可以简化，当许多人分工合作开发同一个软件时，这个优点尤其重要。

独立的模块比较容易测试和维护。这是因为相对说来，修改设计和程序需要的工作量比较小，错误传播范围小，需要扩充功能时能够"插入"模块。总之，模块独立是优秀设计的关键之一，而设计又是决定软件质量的关键环节。

模块的独立程度可以由两个定性标准量度，这两个标准分别称为内聚和耦合。耦合衡量不同模块彼此间互相依赖（连接）的紧密程度；内聚衡量一个模块内部各个元素彼此结合的紧密程度。

（2）耦合。

耦合是对一个软件结构内各个模块之间互连程度的量度。耦合强弱取决于模块间接口的复杂程度，调用模块的方式，以及通过接口的信息。为了降低耦合性，可以采取消息通信方式。

具体区分模块间耦合程度强弱的标准如下：

非直接耦合；

数据耦合；

控制耦合；

公共环境耦合；

内容耦合；

标记耦合；

外部耦合。

总之,耦合是影响软件复杂程度的一个重要因素,应该采取的原则是：尽量使用数据耦合,少用控制耦合,限制公共环境耦合的范围,尽量不用内容耦合。

（3）内聚。

内聚标识一个模块内各个元素彼此结合的紧密程度,它是信息隐蔽和局部化概念的自然扩展。简单地说,理想内聚的模块只做一件事情。

（4）模块规模应该适中。

（5）模块的作用域应该在控制域之内。

（6）力争降低模块接口的复杂程度。

（7）模块功能应该可以预测。

5．写作角色及读者

概要设计说明书由项目的设计人员负责,以保证项目的技术方案和实施方案是有效合理的。

概要设计说明书的读者是架构师、系统设计人员、开发人员和评审专家等。

6．撰写要求

概要设计说明书侧重对架构设计文档所选择的技术方案在子系统或模块一级做进一步细化说明。

4.4.2　概要设计说明书内容框架

按子系统或一级模块分别说明其概要设计。

1．子系统设计

1）需求规定

说明对本子系统主要的输入输出项目、处理的功能、质量要求、限制条件。

2）运行环境

简要地说明对本子系统的运行环境（包括硬件环境和支持环境）的规定。

3）基本设计思想和处理流程

说明本子系统的基本设计思想和处理流程,尽量使用图表的形式,如流程图或时序图。

4）子系统质量设计

按照系统提出的质量要求,设计在本子系统中需要满足的质量属性。

5）子系统结构

用一览表及框图的形式说明本子系统的系统元素（层及模块、类结构及类等）的划分，简要说明每个系统元素的标识符和功能，分层次地给出各元素之间的控制与被控制关系。

6）功能与程序结构的关系

说明各项功能与程序结构的关系。

7）人工处理过程

说明在本子系统或模块的工作过程中必须包含的人工处理过程（如果有的话）。

8）尚未解决的问题

说明在概要设计过程中尚未解决而设计者认为在系统完成之前必须解决的各个问题。

2．子系统接口设计

1）用户接口

说明将向用户提供的命令和它们的语法结构，以及软件的回答信息。

2）外部接口

说明本子系统同外界的所有接口的安排，包括软件与硬件之间的接口、本子系统与各支持软件之间的接口关系。

3）内部接口

说明本子系统之内的各个系统元素之间的接口的安排。

3．子系统运行设计

1）运行模块组合

说明对子系统施加不同的外界运行控制时所引起的各种不同的运行模块组合，说明每种运行所历经的内部模块和支持软件。

2）运行控制

说明每一种外界的运行控制的方式方法和操作步骤。

3）运行时间

说明每种运行模块组合将占用各种资源的时间。

4．子系统数据结构设计

1）逻辑结构设计要点

给出本子系统内所使用的每个数据结构的名称、标识符以及它们之中每个数据项、定义、长度及它们之间的层次或表格的相互关系。

2）物理结构设计要点

给出本子系统内所使用的每个数据结构中的每个数据项的存储要求、访问方法、存取单位、存取的物理关系（索引、设备、存储区域）、设计考虑和保密条件。

3）数据结构与程序的关系

说明各个数据结构与访问这些数据结构的程序之间的关系。

5. 子系统出错处理设计

1）出错信息

用一览表的方式说明每种可能的出错或故障情况出现时，系统输出信息的形式、含义及处理方法。

2）补救措施

说明故障出现后可能采取的变通措施，包括：

① 后备技术说明，当原始系统数据万一丢失时启用的副本的建立和启动的技术，例如，周期性地把固态盘信息记录到硬盘上或者把硬盘上的信息转储到光盘上就是对于磁盘媒体的一种后备技术；

② 降效技术说明，使用另一个效率稍低的系统或方法来求得所需结果的某些部分，例如一个自动系统的降效技术可以是手工操作和数据的人工记录；

③ 恢复及再启动技术说明，使软件从故障点恢复执行或使软件从头开始重新运行的方法。

3）子系统维护设计

说明为了系统维护的方便而在程序内部设计中做出的安排，包括在程序中专门安排用于系统的检查与维护的检测点和专用模块。

4.5 详细设计说明书

4.5.1 详细设计说明书写作要求

1. 概述

概要设计后转入详细设计（又称过程设计，算法设计），其主要任务是根据概要设计提供的文档，确定每一个模块的算法，内部的数据组织，选定工具清晰正确表达算法，编写详细设计说明书和详细测试用例与计划。详细设计的重点在于将模块的对象分解为属性和方法，并阐述如何实现。

1）详细设计的任务

详细设计的目的是为软件结构图中的每一个模块或类结构图中的每一个方法确定使用的算法和数据结构，并用某种选定的表达工具给出清晰的描述。

这一阶段的主要任务是：

① 为每个模块确定采用的算法，选择某种适当的工具表达算法的过程，写出模块的详细过程性描述；

② 确定每一模块使用的数据结构；

③ 确定模块接口的细节，包括对系统外部的接口和用户界面，对系统内部其他模块的接口，以及模块输入数据、输出数据及局部数据的全部细节。

在详细设计结束时，应该把上述结果写入详细设计说明书，并且通过复审形成正式文档，作为交付给下一阶段（编码阶段）的工作依据。

④ 要为每一个模块设计出一组测试用例，以便在编码阶段对模块代码（即程序）进行预定的测试，模块的测试用例是软件测试计划的重要组成部分，通常应包括输入数据，期望输出等内容。

2）详细设计的原则

① 由于详细设计的蓝图是给人看的，所以模块的逻辑描述要清晰易读、正确可靠。

② 改善控制结构，降低程序的复杂程度，从而提高程序的可读性、可测试性、可维护性。

③ 选择恰当的描述工具来描述各模块算法。

3）详细设计的方法

详细设计的工具有：

① 图形工具。

利用图形工具可以把过程的细节用图形描述出来。

② 表格工具。

可以用一张表来描述过程的细节，在这张表中列出了各种可能的操作和相应的条件。

③ 语言工具。

用某种高级语言（称为伪码）来描述过程的细节。

4）程序流程图

程序流程图又称为程序框图，它是软件开发者最熟悉的一种算法表达工具。它独立于任何一种程序设计语言，比较直观和清晰地描述过程的控制流程，易于学习掌握。因此，至今仍是软件开发者最普遍采用的一种工具。

流程图中只能使用下述的 5 种基本控制结构。

① 顺序型。

顺序型由几个连续的处理步骤依次排列构成。

② 选择型。

选择型是指由某个逻辑判断式的取值决定选择两个处理中的一个。

③ while 型循环。

while 型循环是先判定型循环，在循环控制条件成立时，重复执行特定的处理。

④ until 型循环。

until 型循环是后判定型循环，重复执行某些特定的处理，直到控制条件成立为止。

⑤ 多情况型选择。

多情况型选择列举多种处理情况，根据控制变量的取值，选择执行其一。

2. 写作角色及读者

详细设计说明书由项目设计人员和开发人员负责，以保证项目的技术方案和实施方案是符合架构设计文档和概要设计文档的。

详细设计说明书的读者是架构师、系统设计人员、开发人员和评审专家等。

3. 撰写要求

详细设计说明书侧重对概要设计文档所选择的技术方案在模块一级做细化说明,这种细化是已经可以编码实现的。

(1) 在详细设计和程序编码时都应考虑下列原则。

① 对所有的输入数据都进行检验,从而识别错误的输入,以保证每个数据的有效性;

② 检查输入项的各种重要组合的合理性,必要时报告输入状态信息;

③ 使得输入的步骤和操作尽可能简单,并保持简单的输入格式;

④ 输入数据时,应允许使用自由格式输入;

⑤ 应允许缺省值;

⑥ 输入一批数据时,最好使用输入结束标识,而不要由用户指定输入数据数目;

⑦ 在以交互式输入/输出方式进行输入时,要在屏幕上使用提示符明确提示交互输入的请求,指明可使用选择项的种类和取值范围。同时,在数据输入的过程中和输入结束时,也要在屏幕上给出状态信息;

⑧ 当程序语言对输入格式有严格要求时,应保持输入格式与输入语句要求的一致性;

⑨ 给所有的输出加注解,必要时设计输出报表格式。

(2) 程序设计语言。

程序设计语言是人与计算机交流的媒介。软件工程师应该了解程序设计语言各方面的特点,以及这些特点对软件质量的影响,以便在需要为一个特定的开发项目选择语言时,能做出合理的选择。

(3) 编码风格。

编码风格又称程序设计风格或编程风格。风格原指作家、画家在创作时喜欢和习惯使用的表达自己作品题材的方式,而编码风格实际上指编程的基本原则。

良好的编码风格有助于编写出可靠而又容易维护的程序,编码的风格在很大程度上决定着程序的质量。

(4) 源程序文档化。

"软件=程序+文档"。源程序文档化包括选择标识符(变量和标号)的名字、安排注释以及程序的视觉组织等。

① 符号名的命名。

符号名又称标识符,包括模块名、类名、公共变量名、私有变量名、常量名、标号名、函数名以及数据区名、缓冲区名等。这些名字应能反映它所代表的实际的东西,应有一定的实际意义,使其能够见名知意,有助于程序功能的理解和增强程序的可读性。如平均值用 Average 表示,和用 Sum 表示,总量用 Total 表示。

② 程序的注释。

在程序中的注释是程序员与程序阅读者之间通信的重要手段。注释能够帮助读者理解程序,并为后续进行测试和维护提供明确的指导信息。因此,注释是十分重要的,大多数程序设计语言提供了使用自然语言来写注释的环境,为程序阅读者带来很大的方便。注释分为序言性注释和功能性注释。

③ 标准的书写格式。

应用统一的、标准的格式来书写源程序清单,有助于改善可读性。常用的方法有:

- 用分层缩进的写法显示嵌套结构层次;
- 在注释段周围加上边框;
- 注释段与程序段,以及不同的程序段之间插入空行;
- 每行只写一条语句;
- 书写表达式时适当使用空格或圆括号作隔离符。

一个程序如果写得密密麻麻,分不出层次来常常是很难看懂的。优秀的程序员在利用空格、空行和缩进的技巧上显示了他们的经验。恰当地利用空格,可以突出运算的优先性,避免发生运算的错误。

自然的程序段之间可用空行隔开。

缩进也叫做向右缩格或移行。

在编写程序时,要注意数据说明的风格。为了数据说明便于理解和维护,必须注意下述几点:

① 数据说明的次序应规范。进而有利于测试、排错和维护。

② 说明的先后次序固定。例如按常量说明、简单变量类型说明、数组说明、公用数据块说明、所有文件的顺序说明。在类型说明中还可进一步要求,例如,可按以下顺序排列:整型量说明、实型量说明、字符量说明、逻辑量说明。

③ 当用一个语句说明多个变量名时,应当对这些变量按字母的顺序排列。

④ 对于复杂数据结构,应利用注释说明实现这个数据结构的特点。

关于语句结构的要求:

① 使用标准的控制结构。

在编码阶段,要继续遵循模块逻辑中采用单入口、单出口标准结构的原则,以确保源程序清晰可读。

在尽量使用标准结构的同时,还要避免使用容易引起混淆的结构和语句。

避免使用空的 ELSE 语句和 IF…THEN IF…的语句,这种结构容易使读者产生误解。

另外,在一行内只写一条语句,并采取适当的缩进格式,使程序的逻辑和功能变得更加明确。

② 尽可能使用库函数。

③ 应当先考虑可读性。

(5) 其他须注意的问题。

① 避免过多的循环嵌套和条件嵌套。

② 数据结构要有利于程序的简化。

③ 要模块化,使模块功能尽可能单一化,模块间的耦合能够清晰可见。

④ 对递归定义的数据结构尽量使用递归过程。

⑤ 不要修补不好的程序,要重新编写,也不要一味地追求代码的复用,要重新组织。

⑥ 利用信息隐蔽,确保每一个模块的独立性。

⑦ 对太大的程序,要分块编写、测试,然后再集成。

⑧ 注意计算机浮点数运算的特点。尾数位数一定,则浮点数的精度受到限制。

⑨ 避免不恰当地追求程序效率,在改进效率前,要做出有关效率的定量估计。确保所有变量在使用前都进行初始化。

(6) 输入/输出(I/O)。

输入/输出信息是与用户的使用直接相关的。输入/输出的方式和格式应当尽量做到对用户友好,尽可能方便用户的使用。一定要避免因设计不当给用户带来的麻烦。

4.5.2　详细设计说明书内容框架

1. 系统的程序结构

用树状目录或一系列图表列出本系统内的每个程序(包括每个模块和子程序)的名称、标识符和它们之间的层次结构关系。

2. 程序 1 设计说明

逐个给出各个层次中的每个程序的设计考虑。以下给出的提纲是针对一般情况的。对于一个具体的模块,尤其是层次比较低的模块或子程序,其很多条目的内容往往与它所隶属的上一层模块的对应条目的内容相同,在这种情况下,只要简单地说明这一点即可。

1) 程序描述

给出对该程序的简要描述,主要说明安排设计本程序的目的意义,并且还要说明本程序的特点(如是顺序处理还是并发处理等)。

2) 功能

说明该程序应具有的功能,可采用 IPO 图(即输入—处理—输出图)的形式。

3) 质量

说明对该程序的全部质量要求,包括对精度、灵活性和时间特性的要求。

4) 输入项

给出对每一个输入项的特性,包括名称、标识、数据的类型和格式、数据值的有效范围、输入的方式。数量和频度、输入媒体、输入数据的来源和安全保密条件等。

5) 输出项

给出对每一个输出项的特性,包括名称、标识、数据的类型和格式,数据值的有效范围,输出的形式、数量和频度,输出媒体、对输出图形及符号的说明、安全保密条件等。

6) 算法

详细说明本程序所选用的算法,具体的计算公式和计算步骤。

7) 流程逻辑

用图表(例如流程图等)辅以必要的说明来表示本程序的逻辑流程。

8) 接口

用图的形式说明本程序所隶属的上一层模块及隶属于本程序的下一层模块、子程序,说明参数赋值和调用方式,说明与本程序直接关联的数据结构(数据库、数据文卷)。

9）存储分配

根据需要,说明本程序的存储分配。

10）注释设计

说明准备在本程序中安排的注释,如

① 加在模块首部的注释;

② 加在各分支点处的注释;对各变量的功能、范围、缺省条件等所加的注释;

③ 对使用的逻辑所加的注释等。

11）限制条件

说明本程序运行中所受到的限制条件。

12）测试计划

说明对本程序进行单元测试的计划,包括对测试的技术要求、输入数据、预期结果、进度安排、人员职责、设备条件、驱动程序及桩模块等的规定。

13）尚未解决的问题

说明在本程序的设计中尚未解决而设计者认为在软件完成之前应解决的问题。

3. 程序 2 设计说明

用类似程序 1 的方式,说明程序 2 乃至程序 N 的设计考虑。

4.6 数据库设计说明书

4.6.1 数据库设计的步骤

数据通常存放在数据库中,数据库设计是系统设计的重要环节,数据要求和数据结构最终都要和数据库的表结构对应起来,不论是结构化设计还是面向对象设计。数据库设计流程如图 4-8 所示。

数据库设计步骤如下:

（1）数据库设计人员阅读需求文档、概要设计文档、详细设计文档,明确数据库设计任务。

（2）数据库设计人员准备相关的设计工具和资料。

（3）数据库设计人员确定本软件的数据库设计规则。

（4）数据库设计人员进行数据库的概要设计,根据需求文档,创建与数据库相关的局部实体关系（E-R）图和全局 E-R 图。

（5）数据库设计人员进行数据库的逻辑设计,如果是关系数据库,可以根据 E-R 图设计表结构。一般地,实体对应于表,实体的属性对应于表的列,实体之间的关系根据需要可以转换成表来说明表之间的关系。概要设计中的实体大部分可以转换成逻辑设计中的表,但是它们并不一定是一一对应的。

但是,对于列存储数据库或 XML 数据库,则没有关系表,只有对应的字段信息。

（6）数据库设计人员进行数据库物理设计,说明表或字段的存储方式、索引方式、关键

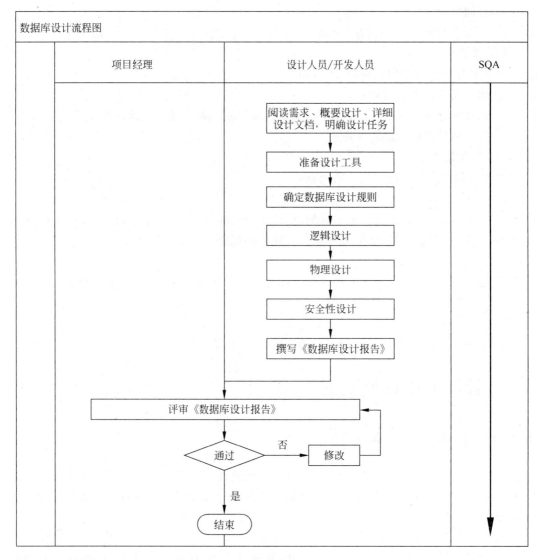

图 4-8　数据库设计流程

字、主键、外键等。

（7）如有必要，数据库设计人员进行数据库安全性设计，确定每个角色对数据库表的操作权限，如创建、检索、更新、删除等。每个角色拥有刚好能够完成任务的权限，不多也不少。在应用时再为用户分配角色，则每个用户的权限等于他所兼角色的权限之和。

（8）数据库设计人员撰写数据库设计报告。

4.6.2　数据库设计说明书内容框架

1. 数据库环境说明

（1）说明所采用的数据库系统，设计工具，编程工具等。

（2）详细配置。

2. 数据库的命名规则

完整并且清楚地说明本数据库的命名规则。

3. 概要设计

数据库设计人员根据需求文档，创建与数据库相关的那部分实体关系图（ERD）。如果采用面向对象方法（OOAD），这里的实体相当于类（class）。

4. 逻辑设计

（1）主要是设计表结构。一般地，实体对应于表，实体的属性对应于表的列，实体之间的关系称为表的约束。概要设计中的实体大部分可以转换成逻辑设计中的表。
（2）对表结构进行规范化处理（第三范式）。

5. 物理设计

给出在具体数据库产品中的表定义，包括字段类型、索引、是否关键字、是否主外键等，如果是图片或文件，给出存储路径。另外，还可以生成或给出创建表的 SQL 语句。

6. 表汇总

首先列出系统数据库设计出来的所有表，给出一个汇总，如表 4-2 所示，然后再给出各个表的细节，如表 4-3 所示。

表 4-2　表汇总

表　名	功　能　说　明
表 A	
表 B	
表 C	
⋮	

表 4-3　表细节

表　名			
列名	数据类型（精度范围）	空/非空	约束条件
补充说明			

7. 操纵数据库表的角色与权限

确定每个角色对数据库表的操作权限，如创建、检索、更新、删除等，如表 4-4 所示。

表 4-4　角色与表操作权限

角色	可以访问的表与列	操作权限
角色 A		
角色 B		

4.7　用户界面设计文档

用户界面设计的目的是让用户易于使用,做到界面布局合理,美观大方,字体大小合适,色彩搭配合理。虽然不同系统对用户界面有不同的要求,但用户界面设计有一些共同遵守的原则。

（1）用于提高易用性的界面设计原则。

① 用户界面适合于软件的功能;

② 容易理解;

③ 风格一致;

④ 及时反馈信息;

⑤ 出错处理;

⑥ 适应各种用户;

⑦ 国际化;

⑧ 个性化。

（2）用于提高美观程度的设计原则:

① 合理的布局;

② 和谐的色彩。

（3）主要设计步骤。

用户界面设计是在架构设计完成后,根据需求文档和需求原型对用户与系统交互的界面进行设计,主要的步骤如下。

① 设计准备。

• 界面设计人员阅读需求文档和构架设计文档,明确界面设计任务。

• 界面设计人员与用户交流,了解用户的工作习惯和他们对界面的看法。

• 界面设计人员准备相关的设计工具和资料,收集或创作基本的界面资源如图像、图标以及通用的组件。

• 界面设计人员确定用于指导本软件用户界面设计的详细规则(或指南),主要包括:

a. 优秀界面的特征或通用的设计原则,例如,一般系统的登录界面的字体大小是适中的,但如果系统的受众群体以中老年人为主,则宜用大号字体。

b. 软件主界面(如主窗口、主页面)的设计规则。

c. 软件子界面(如子窗口、子页面)的设计规则。

　　d. 标准控件的使用规则。

　　② 界面设计。

　　用户界面设计一般要经历"原型创作→原型评估→细化"等步骤,通常迭代进行。

　　• 原型创作。

　　界面设计人员创作界面原型,例如先徒手画,或者用 Visio 等工具绘制界面的视图;再用软件开发工具实现可以运行的原型。

　　• 原型评估。

　　界面设计人员邀请用户和同行评估界面的原型,汇集意见,及时改进。

　　• 细化。

　　界面设计人员细化界面原型,例如美工处理,添加细节等。

　　开发人员在本阶段不必关心界面原型的代码质量,因为界面原型可能不断地被修改甚至被抛弃。

　　③ 撰写文档。

　　用户界面设计定型之后,界面设计人员根据指定的模板撰写《用户界面设计报告》。

　　④ 界面设计评审。

　　界面设计人员邀请用户和同行对定型后的界面进行评审,尽最大努力使界面变得更加易用和美观。

第 5 章

测试类文档写作

5.1 测试过程

5.1.1 测试概述

软件测试是对软件计划、软件设计、软件编码进行查错和纠错的活动(包括代码执行活动与人工活动)。测试的范围是整个软件的生存周期,而不限于程序编码阶段。据统计测试工作量要占软件开发总成本的 40%~50%,测试的目的是确保软件的质量,尽量找出软件错误并加以纠正,而不是证明软件没有错。

在程序员对模块的编码完成之后先做程序测试,再做单元测试,然后再进行集成(综合或组装)测试,系统测试,验收(确认)测试,其中单元测试的一部分在编码阶段就开始了,测试横跨开发与测试两个阶段,又有不同的人员参加,测试工作本身是复杂的。

1. 测试的目标

测试的目标是为了发现程序中的错误而执行程序的过程。好的测试方案是极可能发现迄今为止尚未发现的错误的测试方案,成功的测试是发现了至今为止尚未发现的错误的测试。

2. 测试的原则

(1) 测试前要认定被测试软件有错,不要认为软件没有错。

(2) 要预先确定被测试软件的测试结果。

(3) 要尽量避免测试自己编写的程序。

(4) 测试要兼顾合理输入与不合理输入数据。

(5) 测试要以软件需求规格说明书为标准。

(6) 要明确找到的新错与已找到的旧错成正比。

(7) 测试是相对的,不能穷尽所有的测试,要根据人力物力安排测试,并选择好测试用例与测试方法。

（8）测试用例会反复使用,以重新验证纠错的程序是否有错。

3. 软件测试技术

按照测试过程是否在实际应用环境中来分,测试技术分为静态分析与动态测试。

1）静态分析技术

不执行被测软件,可对需求分析说明书、软件设计说明书、源程序做结构检查、流程分析、符号执行来找出软件错误。

2）动态测试技术

当把程序作为一个函数,输入的全体称为函数的定义域,输出的全体称为函数的值域,函数则描述了输入的定义域与输出值域的关系。这样动态测试的算法有:

① 选取定义域中的有效值,或定义域外的无效值。

② 对已选取值决定预期的结果。

③ 用选取值执行程序。

④ 观察程序行为,记录执行结果。

⑤ 将④的结果与②的结果相比较,不吻合则程序有错。

动态测试既可以采用白盒法对模块进行逻辑结构的测试,又可以用黑盒法做功能结构的测试,接口的测试,都是以执行程序并分析执行结果来查错的。

4. 测试方法

测试方法主要有白盒法与黑盒法。

1）白盒测试法

白盒法是通过分析程序内部的逻辑与执行路线来设计测试用例并进行测试的方法,白盒法也称逻辑驱动方法。白盒法具体的测试用例设计方法有:语句覆盖、分支(判定)覆盖、条件覆盖、路径覆盖(或条件组合覆盖),主要目的是提高测试的覆盖率。

白盒测试法的前提是可以把程序看成装在一个透明的白盒子里,也就是完全了解程序的结构和处理过程。这种方法按照程序内部的逻辑测试程序,检验程序中的每条通路是否都能按预定要求正确工作,白盒测试又称为结构测试。

2）黑盒测试法

黑盒法是功能驱动方法,把程序看成一个黑盒子,仅根据 I/O 数据条件来设计测试用例,而不管程序的内部结构与路径如何。黑盒法具体的测试用例设计方法有:等价类划分法,边界值分析法,错误推测法,主要目的是设法以最少测试数据子集来尽可能多地测试软件程序的错误。黑盒测试是在程序接口上进行的测试,它只检查程序功能是否能按照规格说明书的规定正常使用,程序是否能适当地接收输入数据产生正确的输出信息,并且保持外部信息的完整性。黑盒测试又称为功能测试。黑盒测试是基于系统需求规格,在不知道系统或组件的内部结构的情况下进行的测试。通常又将黑盒测试叫做基于规格的测试(Specification-Based Testing)、输入输出测试(Input/Output Testing)、功能测试(Functional Testing)。

测试的角色和职责如表5-1所示。

表 5-1　测试的角色和职责

角　　色	职　　责
测试经理	制订测试计划 测试过程参与者
测试人员	编写测试用例 准备测试环境 执行测试计划 撰写测试结果
开发人员	单元测试 编写集成测试的实施类(包括驱动程序和桩),并对其进行单元测试 根据集成测试发现的缺陷提出变更申请
SQA 代表	审查测试过程
客户	实施验收测试 验收产品

5.1.2　集成测试过程

集成测试的目的是确保各单元组合在一起后能够按既定意图协作运行,并确保增量的行为正确。它所测试的内容包括单元间的接口以及集成后的功能,使用黑盒测试方法测试集成的功能,并且对以前的集成进行回归测试。

1. 集成测试工作内容及其流程

集成测试工作内容如表 5-2 所示。

表 5-2　集成测试工作内容

活　　动	输 入 工 件	输 出 工 件	参与角色和职责
制订集成测试计划	设计模型 集成构建计划	集成测试计划	测试经理或测试设计人员负责制订集成测试计划
设计集成测试	集成测试计划 设计模型	集成测试用例 测试过程	测试设计人员负责设计集成测试用例和测试过程
实施集成测试	集成测试用例 测试过程 工作版本	测试脚本(可选) 测试过程(更新)	测试设计人员负责编制测试脚本(可选),更新测试过程
		驱动程序或稳定桩	系统设计人员负责设计驱动程序和桩,开发人员负责实施驱动程序和桩
执行集成测试	测试脚本(可选) 工作版本	测试结果	测试实施人员负责执行测试并记录测试结果
评估集成测试	集成测试计划 测试结果	测试评估摘要	测试设计人员负责会同有关人员(具体化)评估此次测试,并生成测试评估摘要

2. 集成测试需求获取

集成测试需求所确定的是对某一集成工作版本的测试的内容,即测试的具体对象。集成测试需求主要来源于设计模型(Design Model)和集成构件计划(Integration Build Plan)。

集成测试着重于集成版本的外部接口的行为。因此,测试需求须具有可观测、可测评性。

(1)集成工作版本应分析其类协作与消息序列,从而找出该工作版本的外部接口。

(2)由集成工作版本的外部接口确定集成测试用例。

(3)测试用例应覆盖工作版本每一外部接口的所有消息流序列。

注意:一个外部接口和测试用例的关系是多对多的,部分集成工作版本的测试需求可映射到系统测试需求,因此对这些集成测试用例可采用重用系统测试用例技术。

3. 集成测试工作机制

软件集成测试工作由产品评测部门担任,需要项目组相关角色配合完成,如表5-3所示。

表5-3　集成测试过程中的角色和职责

角　　色	职　　责
测试设计人员	负责制订集成测试计划、设计集成测试、实施集成测试、评估集成测试
测试实施人员	执行集成测试,记录测试结果
开发人员	负责实施类(包括驱动程序和桩),并对其进行单元测试。根据集成测试发现的缺陷提出变更申请
配置管理员	负责对测试工件进行配置管理
设计人员	负责设计测试驱动程序和桩。根据集成测试发现的缺陷提出变更申请

集成测试工作流程如图5-1所示。

4. 集成测试产生的文档清单有:

(1)软件集成测试计划;

(2)集成测试用例;

(3)测试过程;

(4)测试脚本;

(5)测试日志;

(6)测试评估摘要。

5.1.3　系统测试过程

系统测试是通过与系统的需求规格作比较,发现软件与系统需求规格不相符或与之矛盾的地方。它将通过集成测试的软件,作为整个基于计算机系统的一个元素,与计算机硬件、外设、某些支持软件、数据和人员等其他系统元素结合起来,在实际运行(使用)环境下,对计算机系统进行的测试。

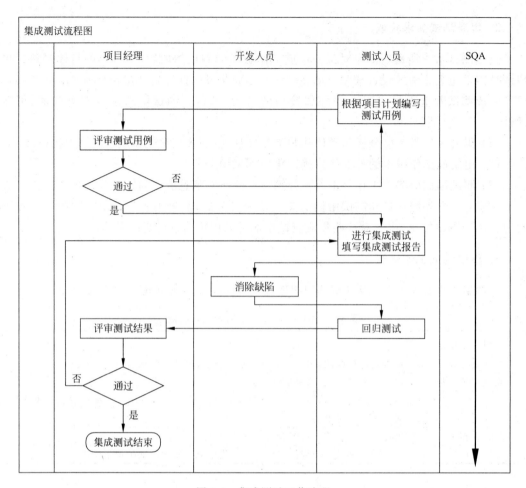

图 5-1   集成测试工作流程

1. 角色和职责

系统测试过程中相关的角色和职责如表 5-4 所示。

表 5-4   系统测试过程中的角色和职责

角　　色	职　　责
测试小组	系统测试由测试小组进行,并由这些测试人员制订测试计划、设计测试用例、执行测试,并撰写相应的文档
测试设计人员	制订系统测试计划、设计系统测试用例以及评估系统测试
测试实施人员	执行系统测试
开发人员	及时消除测试人员发现的缺陷
系统需求分析人员	生成需求工件集,管理需求。为测试设计人员提供测试需求
配置管理员	对测试工件进行配置管理
SQA 代表	监督系统测试的整个过程
项目经理/测试经理	制订计划,指定角色,安排人员,跟踪和管理进度

2. 系统测试过程

系统测试是由测试小组在测试环境中实行的,测试所开发的系统或子系统是否符合需求中关于功能和质量的要求。虽然测试小组需要开发人员的支持,但不提倡项目的开发者同时担当相同项目的测试者。

系统测试过程分为几个阶段：计划、准备、执行和结束,各阶段的输入、输出和参与角色如表 5-5 所示,系统测试过程与角色的关系如图 5-2 所示。

表 5-5　测试活动

活动名称	输入工件	输出工件	参与角色
制订系统测试计划	软件需求工件 软件项目计划	系统测试计划	测试设计人员
设计系统测试	系统测试计划 软件需求工件	系统测试用例 系统测试过程	测试设计人员
实施系统测试	系统测试计划 工作版本	系统测试脚本	测试设计人员
执行系统测试	系统测试计划 系统测试用例 系统测试过程 系统测试脚本	测试结果	测试实施人员
评估系统测试	测试结果	测试分析报告 变更请求	测试设计人员 相关组

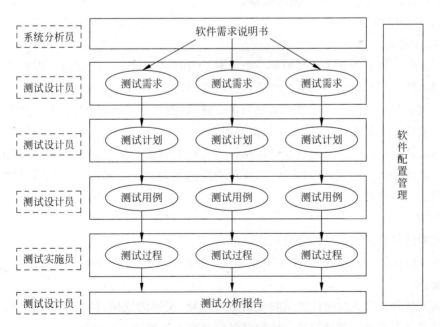

图 5-2　系统测试过程与角色

1）测试计划

项目经理/测试经理与测试人员共同协商测试计划，按照《软件开发计划》起草《系统测试计划》。该计划主要包括：

① 测试范围（内容）；

② 测试方法；

③ 测试完成准则；

④ 人员与任务表。

2）测试准备

准备阶段在计划阶段后尽可能早地开始。在此阶段，测试人员要做到：

① 测试人员熟悉测试基本原则；

② 评估。

- 核实需求是否可测，并且测试人员要参加需求评审；
- 测试基本原则是否适合选择的测试规范；
- 评估选择的测试技术是否适合测试的需求；
- 早期关注质量会获益匪浅，要在早期捕获尽可能多的质量缺陷。

③ 培训。

测试人员的技术水平对顺利地实行测试过程非常重要，要确定测试者是否需要特殊的测试培训（如测试管理、测试技术、测试方法）。项目培训计划中一般已建立了项目管理、开发技术等的学习过程，对测试人员不需要单独的培训计划，只要确立培训需求，并报告给项目经理即可，项目经理根据需要做出安排。

3）编写测试用例

4）执行测试

执行阶段开始于当软件产品的第一个可测试"构件"通过集成测试时。在此阶段前，交付系统测试的日程和使用的基本组织结构已取得开发小组的同意。

要测试的软件必须已通过单元测试和集成测试，测试小组检查交付的软件产品部件，在独立的测试环境中安装软件，发生错误则退回。

在测试计划中定义系统测试要循环执行。实际的测试结果被记录下来，并与预期的结果进行比较，任何的背离都要调查研究，发现的缺陷要记录。每次测试完成后，测试人员生成系统测试用例及报告。

5）测试结束

系统测试符合测试结束标准时可以结束。

结束阶段应评审测试过程，主要工作是评审和评估测试结果，并确认本过程所有的文档已经完成。

测试人员和开发人员统计测试和改错的工作量、文档的规模，以及缺陷的个数与类型，并将此量度数据汇报给项目经理。该数据将记录在系统测试报告中。

3. 测试需求的获取

测试需求所确定的是测试的内容，即测试的具体对象。系统测试需求主要来源于需求工件集，它可能是一个需求规格说明书，或是由前景、用例、用例模型、词汇表、补充规约组成的一个集合。

1）分析测试需求时的规则

在分析测试需求时，应该遵循以下几条规则：

① 测试需求必须是可观测、可测评的行为。如果是不能观测或测评的测试需求，就无法对其进行评估，也就无法确定需求是否已经满足。

② 在每个用例或系统的补充需求与测试需求之间不存在一对一的关系。用例通常具有多个测试需求；有些补充需求将派生一个或多个测试需求，而其他补充需求（如市场需求或包装需求）将不派生任何测试需求。

③ 在需求规格说明书中每一个功能描述将派生一个或多个测试需求，性能描述、安全性描述等也将派生出一个或多个测试需求。

2）测试需求的分类

① 功能性测试需求。

功能性测试需求来自于测试对象的功能性说明。每个用例至少会派生一个测试需求。对于每个用例事件流，测试需求的详细列表至少会包括一个测试需求。对于需求规格说明书中的功能描述，将至少派生一个测试需求。

② 质量属性的测试需求。

性能测试需求来自于测试对象的指定性能行为，性能通常被描述为对响应时间和资源使用率的某种评测，性能需求在各种条件下进行评测，这些条件包括：

- 不同的工作量和/或系统条件。
- 不同的用例/功能。
- 不同的配置。

性能需求在补充规格或需求规格说明书中关于质量属性的性能描述部分中说明。

对包括以下内容的语句要特别注意：

- 时间语句，如响应时间或定时情况。
- 指出在规定时间内必须出现的事件数或用例数的语句。
- 将某一项性能的行为与另一项性能的行为进行比较的语句。
- 将某一配置下的应用程序行为与另一配置下的应用程序行为进行比较的语句。
- 配置或约束。

应该为需求规格中反映以上信息的每个语句生成至少一个测试需求。

其他测试需求包括配置测试、安全性测试、故障恢复测试等测试需求可以从质量需求中发现与其对应的描述，每一个描述信息可以生成至少一个测试需求。

4．测试策略

测试策略用于说明某项特定测试工作的一般方法和目标，系统测试策略主要针对系统测试需求，确定测试类型及如何实施测试的方法和技术。

一个好的测试策略应该包括要实施的测试类型和测试的目标、所采用的技术、用于评估测试结果和测试是否完成的标准、对测试策略所述的测试工作存在影响的特殊事项等内容。

1）测试类型和目标

确定系统测试策略首先应清楚地说明所实施系统测试的类型和测试的目标，清楚地说明这些信息有助于尽量避免混淆和误解（尤其是由于有些类型测试看起来非常类似，如强度测试和容量测试），测试目标应该表明执行测试的原因。

系统测试的测试类型一般包括：功能测试（Functional Testing）、性能测试（Performance Testing）、安全性测试（Security Testing）、配置测试（Configuration Testing）、故障恢复测试（Recovery Testing）、安装测试（Installation Testing）、用户界面测试（GUI Testing）等。

其中，功能测试、配置测试、安装测试等在一般情况下是必需的，而其他的测试类型则需要根据软件项目的具体要求进行裁剪。

2）采用的测试技术

系统测试主要采用黑盒测试技术，设计测试用例来确认软件满足需求规格说明书的要求。

3）测试的策略和控制机制

① 测试的启动准则。

下列条件同时满足，允许开始测试：

测试计划已经制订并且通过了评审；

测试用例已经设计并且通过了评审；

测试对象已经开发完毕并等待测试。

② 测试的完成准则。

满足软件开发计划中规定的标准，允许结束测试。

③ 测试的控制机制。

测试计划和测试用例必须被评审。

测试用例的覆盖率是否满足要求。

项目经理或测试经理定期生成报告，报告测试过程和缺陷状态。

当系统测试达到结束标准时，测试人员要生成包括测试各个阶段的测试报告，测试报告的内容如下：

- 描述测试的范围和目标；
- 汇总测试结果；
- 遇到的主要问题；
- 经验和建议。

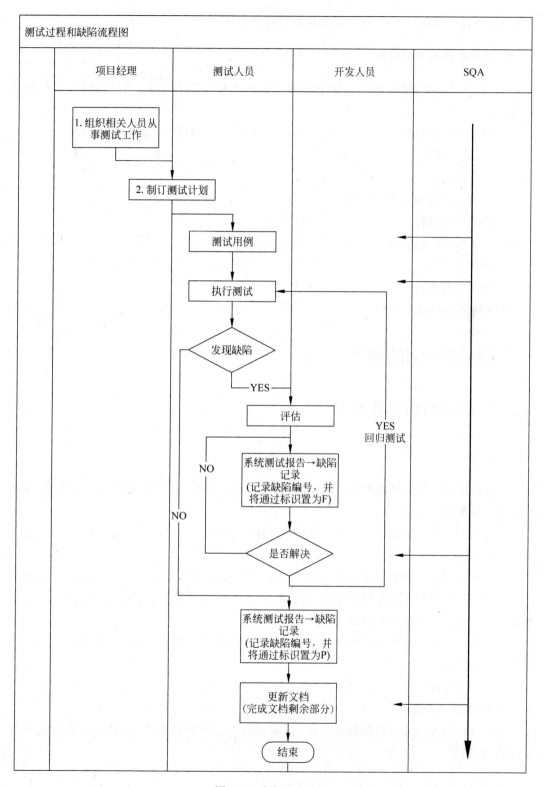

图 5-3 系统测试过程

项目经理评审测试结果,确定测试的有效性和完成度。

5. 系统测试的工作机制

(1) 成立测试组,确定测试经理(通常由测试设计人员担任)一名,测试设计人员和测试实施员若干。

(2) 提供系统测试需要的输入,建立测试环境,以及对测试工件进行配置管理。

(3) 系统测试产生的工件清单。

① 系统测试计划。

② 系统测试用例。

③ 系统测试过程。

④ 测试脚本(可选)。

⑤ 测试结果。

⑥ 测试分析报告。

系统测试过程如图 5-3 所示。

5.2   测试用例的撰写

5.2.1   测试用例写作要求

1. 概述

测试人员编写系统测试用例,为测试执行做准备。另外,必须提供包括测试环境、测试工具等的基本组织结构。

测试人员需要原型或其等价体来设计测试用例,开发人员负责在此阶段前提供原型。

1) 设计测试用例

可将测试划分成多个管理单元,划分可在几个层次上进行,划分基于测试计划、功能需求、质量需求、限制条件和各种设计文档,如数据流图、实体关系图、结构图、功能规格。这些单元更进一步细分为单独的测试用例。

每个测试用例包含几个步骤。这些步骤对如何执行测试提供详细指导,如执行的动作、输入、预期的输出。

测试小组要评审测试用例,测试用例必须基于配置库。

2) 准备测试数据

测试数据可在开发人员的帮助下准备,测试数据包括原始数据,恢复到原始数据的方法,输入数据等。

3) 输入

集成测试计划、系统测试计划。

4）输出

测试用例。

2. 测试用例的角色和职责

测试用例的相关角色和职责如表 5-6 所示。

表 5-6　测试用例的角色和职责

角　色	职　责
项目组长	评审测试用例
测试组长	评审测试用例
测试者	设计测试用例
开发者	评审测试用例

3. 撰写要求

测试用例应说明项目名称、软件版本、功能模块版本等基本信息，根据需要还可列出级别重要性。除此之外，测试用例应着重描述下列信息：

1）预置条件

规则：执行当前测试用例需要的前提条件，它们是后续步骤的先决条件。

2）输入

规则：测试用例执行过程中需要加工的外部信息，输入、文件、数据库等。

3）操作步骤

规则：执行当前测试用例需要经过的操作步骤，需保证操作步骤的完整性。

4）预期输出

规则：当前测试用例的预期输出结果，包括返回值的内容、界面的响应结果、输出结果的规则符合度等。

5.2.2　测试用例内容框架

（1）接口测试用例如表 5-7 所示。

表 5-7　接口测试用例

接口的函数原型		
输入/动作	期望的输出/响应	实际情况
典型值		
边界值		
异常值		
⋮		

（2）路径测试用例如表 5-8 所示。

表 5-8　路径测试用例

检　查　项	结　　论
数据类型问题 （1）变量的数据类型有错误吗 （2）存在不同数据类型的赋值吗 （3）存在不同数据类型的比较吗	
变量值问题 （1）变量的初始化或缺省值有错误吗 （2）变量发生上溢或下溢吗 （3）变量的精度不够吗	
逻辑判断问题 （1）由于精度原因导致比较无效吗 （2）表达式中的优先级有误吗 （3）逻辑判断结果颠倒吗	
循环问题 （1）循环终止条件不正确吗 （2）无法正常终止（死循环）吗 （3）错误地修改循环变量吗 （4）存在误差累积吗	
内存问题 （1）内存没有被正确地初始化却被使用吗 （2）内存被释放后却继续被使用吗 （3）内存泄漏吗 （4）内存越界吗 （5）出现野指针吗	
文件 I/O 问题 （1）对不存在的或者错误的文件进行操作吗 （2）文件以不正确的方式打开吗 （2）文件结束判断不正确吗 （4）没有正确地关闭文件吗	
错误处理问题 （1）忘记进行错误处理吗 （2）错误处理程序块一直没有机会被运行吗 （3）错误处理程序块本身就有毛病吗？如报告的错误与实际错误不一致,处理方式不正确等 （4）错误处理程序块是"马后炮"吗？如在被它被调用之前软件已经出错	

（3）功能测试用例如表 5-9 所示。

表 5-9　功能测试用例

功能描述		
用例目的		
前提条件		
输入/动作	期望的输出/相应	实际情况
典型值		
边界值		
异常值		
⋮		

（4）质量测试。

① 健壮性测试用例如表 5-10 所示。

表 5-10　健壮性测试用例

异常输入/动作	容错能力/恢复能力	造成的危害、损失
错误的数据类型		
定义域外的值		
错误的操作顺序		
异常中断通信		
异常关闭某功能		
负荷超出极限		
⋮		

② 性能测试用例如表 5-11 所示。

表 5-11　性能测试用例

性能描述		
用例目的		
前提条件		
输入数据	期望的性能	实际性能

③ 安全性测试用例如表 5-12 所示。

表 5-12　安全性测试用例

假想目标		
前提条件		
非法入侵手段	是否实现目标	代价/利益分析

④ 可靠性测试用例如表 5-13 所示。

表 5-13　可靠性测试用例

任务描述	
连续运行时间	
故障发生时刻 1	故障描述 1
故障发生时刻 2	故障描述 2
⋮	
统计分析	任务无故障运行的时间间隔(平均、最大、最小)

(5) 用户界面测试用例如表 5-14 所示。

表 5-14　用户界面测试用例

测试人员分类		
类　别	分　类	
A 类		
B 类		
⋮		
指标	检　查　项	测试人员类别及评价
合适性和正确性	用户界面是否与软件的功能相融洽	
	是否所有界面元素的文字和状态都正确无误	
容易理解	对于常用的功能,用户能否不必阅读手册就能使用	
	是否所有界面元素(例如图标)都不会让人误解	
	是否所有界面元素提供了充分而必要的提示	
	界面结构是否能够清晰地反映工作流程	
	用户是否容易知道自己在界面中的位置,不会迷失方向	
	有联机帮助吗?	
风格一致	同类的界面元素是否有相同的视感和相同的操作方式	
	字体是否一致	
	是否符合广大用户使用同类软件的习惯	
及时反馈信息	是否提供进度条、动画等反映正在进行的比较耗时间的过程	
	是否为重要的操作返回必要的结果信息	
出错处理	是否对重要的输入数据进行校验	
	执行有风险的操作时,有"确认"、"放弃"等提示吗	
	是否根据用户的权限自动屏蔽某些功能	
	是否提供 Undo 功能用以撤销不期望的操作	
适应各种水平的用户	所有界面元素都具备充分必要的键盘操作和鼠标操作吗	
	初学者和专家都有合适的方式操作这个界面吗	
	色盲或者色弱的用户能正常使用该界面吗	
国际化	是否使用国际通行的图标和语言	
	量度单位、日期格式、人的名字等是否符合国际惯例	

续表

指标	检 查 项	测试人员类别及评价
个性化	是否具有与众不同的、让用户记忆深刻的界面设计	
	是否在具备必要的"一致性"的前提下突出"个性化"设计	
合理布局和谐色彩	界面的布局符合软件的功能逻辑吗	
	界面元素是否在水平或者垂直方向对齐	
	界面元素的尺寸是否合理？行、列的间距是否保持一致	
	是否恰当地利用窗体和控件的空白，以及分割线条	
	窗口切换、移动、改变大小时，界面正常吗	
	界面的色调是否让人感到和谐、满意	
	重要的对象是否用醒目的色彩表示	
	色彩使用是否符合行业的习惯	

（6）压力测试用例如表 5-15 所示。

表 5-15 压力测试用例

极限名称		
前提条件		
输入/动作	输出/响应	是否能正常运行

（7）安装/反安装测试用例如表 5-16 所示。

表 5-16 安装/反安装测试用例

配置说明		
安装选项	是否正常	难易程度
全部		
部分		
升级		
其他		
反安装选项	是否正常	难易程度

5.3 测试计划

1. 引言

1）编写目的

本测试计划的具体编写目的，指出预期的读者范围。

2）背景

说明：

① 测试计划所从属的软件系统的名称；

② 列出测试的硬件和网络环境，说明在开始执行本测试计划之前必须完成的各项工作。

3）定义

列出本文件中用到的专门术语的定义和外文首字母组词的原词组。

4）参考资料

列出要用到的参考资料，如

① 本项目的经核准的计划任务书或合同、上级机关批文；

② 属于本项目的其他已发表的文件；

③ 本文件中各处引用的文件、资料，包括所要用到的软件开发标准。列出这些文件的标题、文件编号、发表日期和出版单位，说明能够得到这些文件资料的来源。

2. 计划

1）软件说明

提供一份图表，并逐项说明被测软件的功能、输入和输出以及质量指标，作为叙述测试计划的提纲。

2）测试内容

列出集成测试和系统测试中的每一项测试内容的名称标识符、这些测试的进度安排以及这些测试的内容和目的，例如模块功能测试、接口正确性测试、性能测试等。

3）测试 1

给出这项测试内容的参与单位及被测试的部位。

（1）进度安排。

给出对这项测试的进度安排，包括进行测试的日期和工作内容（如熟悉环境、培训、准备输入数据等）。

（2）条件。

陈述本项测试工作对资源的要求，包括：

① 所用到的设备类型、数量和预定使用时间；

② 列出将被用来支持本项测试过程而本身又并不是被测软件的组成部分的软件，如测试驱动程序、测试监控程序、仿真程序、桩模块等；

③ 列出在测试工作期间预期可由用户和开发任务组提供的工作人员人数、技术水平及有关的预备知识，包括一些特殊要求，如倒班操作和数据输入人员。

（3）测试资料。

列出本项测试所需的资料，如

① 有关本项任务的文件；

② 被测试程序及其所在的媒体和位置；

③ 测试的输入和输出举例；

④ 有关控制此项测试的方法、过程的图表。

4）评价准则

（1）范围。

说明所选择的测试用例能够检查的范围及其局限性。

（2）数据整理。

陈述为了把测试数据加工成便于评价的适当形式，使得测试结果可以同已知结果进行比较而要用到的转换处理技术，如手工方式或自动方式；如果是用自动方式整理数据，还要说明为进行处理而要用到的硬件、软件资源。

（3）尺度。

说明用来判断测试工作是否能通过的评价尺度，如合理的输出结果的类型、测试输出结果与预期输出之间的容许偏离范围。

5.4 测试分析报告

1. 引言

1）编写目的

说明这份测试分析报告的具体编写目的，指出预期的阅读范围。

2）背景

说明：

① 被测试软件系统的名称；

② 该软件的任务提出者、开发者、用户，指出测试环境与实际运行环境之间可能存在的差异以及这些差异对测试结果的影响。

3）定义

列出本文件中用到的专用术语的定义和外文首字母组词的原词组。

4）参考资料

列出要用到的参考资料，如

① 本项目的经核准的计划任务书或合同、上级机关的批文；

② 属于本项目的其他已发表的文件；

③ 本文件中各处引用的文件、资料，包括所要用到的软件开发标准。列出这些文件的标题、文件编号、发表日期和出版单位，说明能够得到这些文件资料的来源。

2. 测试概要

用表格的形式列出每一项测试的标识符及其测试内容，并指明实际进行的测试工作内容与测试计划中预先设计的内容之间的差别，说明做出这种改变的原因。

3. 测试结果及发现

（1）测试 1（标识符）。

把本项测试中实际得到的动态输出（包括内部生成数据输出）结果与对于动态输出的要

求进行比较,陈述其中的各项发现。

(2) 测试 2(标识符)。

用类似本报告第(1)条的方式给出第(2)项及其后各项测试内容的测试结果和发现。

4．对软件功能的结论

(1) 功能 1(标识符)。

① 能力。

简述该项功能,说明为满足此项功能而设计的软件能力以及经过一项或多项测试已证实的能力。

② 限制。

说明测试数据值的范围(包括动态数据和静态数据),列出就这项功能而言,测试期间在该软件中查出的缺陷、局限性。

(2) 功能 2(标识符)。

用类似本报告(1)的方式给出第(2)项及其后各项功能的测试结论。

5．分析摘要

(1) 能力。

陈述经测试证实了的本软件的能力。如果所进行的测试是为了验证一项或几项特定质量要求的实现,应提供这方面的测试结果与要求之间的比较,并确定测试环境与实际运行环境之间可能存在的差异对能力的测试所带来的影响。

(2) 缺陷和限制。

陈述经测试证实的软件缺陷和限制,说明每项缺陷和限制对软件质量的影响,并说明全部测得的质量缺陷的累积影响和总的影响。

(3) 建议。

对每项缺陷提出改进建议,如

① 各项修改可采用的修改方法;

② 各项修改的紧迫程度;

③ 各项修改预计的工作量;

④ 各项修改的负责人。

(4) 评价。

说明该项软件的开发是否已达到预定目标,能否交付使用。

第 6 章

项目结束类文档写作

经过系统测试后,项目开发工作基本结束,项目可以正式发布了。这时还需要进行项目的部署,对用户进行培训,上线试运行,并对项目开发过程进行全面总结。

6.1 部署过程

部署过程是软件正式成为产品的重要一环,需要制订部署计划,经过评审确认可行,并且通过光盘等媒介或通过网络发布出来,同时还要考虑授权认证机制,以维护相应的权益。

(1) 角色和职责如表 6-1 所示。

表 6-1 部署过程的角色和职责

角　色	职　责
项目经理	制订部署计划 验收过程参与者
开发者	编写安装手册 编写用户文档 打包软件 现场安装运行环境
培训者	编写培训资料 实施客户培训
SQA 代表	审查部署过程
客户	实施验收测试 验收产品

SQA 代表评审此过程的执行情况,并对计划提出改进建议。

部署过程应该遵照配置管理过程生成。

(2) 评审部署计划。

在项目计划阶段,项目经理制订详细的部署计划并纳入软件开发计划中,该计划包括产品计划、安装计划、发布计划、用户培训计划等,项目经理可以根据项目实际情况裁减这套计划。

部署计划的评审在评审软件开发计划时一并评审。

（3）编写用户文档。

用户文档由开发者编写，一般包括产品手册和用户手册。

产品手册注重介绍产品的特点和应用价值，参见《产品手册》模板。

用户手册注重介绍产品的安装、配置、功能操作等，参见《用户手册》模板。

（4）准备打包。

打包内容包括：

① 安装脚本；

② 用户文档；

③ 配置数据；

④ 附加程序。

有时不同的平台需要不同的软件和硬件的配置。

（5）打包与发布软件。

软件产品被打包在各种介质上，如光盘、U 盘以及互联网网站上，部分特殊情况下还有软盘和磁带等，并做相应的标识。

在某些情形下要注意安全性要求。

发布软件的方法很多，可以邮寄、也可网上发布等。

要控制许可证的发放，即谁被允许使用该软件。软件许可包括安装程序、许可证的管理工具、分配给用户的许可证号。

（6）安装软件。

软件安装由用户控制，通过安装工具或安装程序来安装。

升级时要注意的问题：

① 新版本覆盖老版本时操作上的连续性，即操作上有没有大的变化而让用户感到不适应。

② 将现存的数据转换为新的格式。

（7）培训用户。

可以采取以下各种形式：

① 正式的培训课程；

② 计算机操作的基础培训；

③ 在线指导和帮助；

④ 电话支持。

（8）验收。

在有些合同里，客户正式验收软件也被当作部署的一部分。

6.2　用户培训计划

根据"科学、系统、严谨、实效"的培训方针，按照项目培训计划组织培训工作，为系统的稳定运营打好基础。要确保培训按计划进行，并能取得预期的效果。

（1）角色和职责如表 6-2 所示。

表 6-2 用户培训的角色和职责

角　色	职　责
高级经理	提供资源,协调培训过程
培训管理员	参与制定并检讨培训大纲
讲师	参与培训大纲的编写,负责对人员的培训

（2）确定培训需求。

培训管理员综合考虑以下因素确定企业的培训需求,如表 6-3 所示。

① 企业的发展战略;

② 客户(企业领导)对培训的要求;

③ 用户(企业员工)的培训需求;

④ 产品的特征;

⑤ 讲师的知识技能。

高层领导审批,如果同意就制订培训计划,否则再做修改。

表 6-3 培训需求表

项目：　　　　　　　　　　　　　　　　　　　　　　　　　　提交人：

培训内容	时间要求	难度等级	优先级	培训范围	培训结果要求	资源要求	说明

对项目涉及范围内所有需要培训的人员进行相关培训,包括各级管理人员、操作人员和维护人员,按照项目培训计划进行不同层次、不同类别和不同方式的系统培训,保证工程的顺利实施和系统的稳定运营。

（3）培训对象和要实现的目标。

① 系统操作人员：了解系统的工作原理,熟练掌握系统软硬件的操作方法,充分了解相关的管理制度;

② 技术维护人员：充分了解项目的技术方案、实施方案和管理方案,了解系统用到的主要技术手段;

③ 系统管理员：充分了解系统的软硬件配置和特性,掌握系统日常维护、故障诊断及系统备份恢复的技术和方法。

（4）按以下原则制订培训计划。

① 培训内容按照客户需求制定。

② 符合客户内部培训机制,明确职责范围。

③ 建立培训能力及解决组织培训的需要。

④ 提供对用户的必要培训,使他们能有效地执行他们的任务。

⑤ 做好培训前的准备、进行培训、结束培训的工作。

⑥ 建立和维护组织培训的记录,评估培训的有效性。

⑦ 所有的培训在客户的控制下展开。

⑧ 定期由项目高层管理者检查培训执行情况。

⑨ 项目高层必须为培训提供充足的培训资源。

⑩ 培训结果必须反馈给客户,评估培训效果。

(5) 培训计划。

培训管理员根据培训需求和项目现状(如资源、时间、经费等因素),对系统操作人员、技术维护人员和系统管理员按照项目培训计划进行不同层次、不同类别和不同方式的系统培训,保证系统的稳定运行,如表 6-4 所示,主要包括:

① 培训课程;

② 培训地点、时间;

③ 培训方式;

④ 培训资料;

⑤ 培训讲师、学员;

⑥ 培训经费。

高层领导审批该计划,如果同意就执行培训,否则再做修改。

表 6-4　项目培训计划

项目:

培训名称	培训内容	时　间	主讲人	备　注

(6) 执行培训。

① 培训前的准备。

培训管理员在培训前数天发出培训通知,如有意外及时调整计划并另行通知。讲师按照培训大纲制作培训材料,包括纸质材料、PPT 和视频等。

提前一天培训员拿到培训资料,资料可以提前发给学员也可当天发放。

提前一段时间检查培训所需设备,确保能正常使用。

② 开始培训。

所有有关人员提前 10 分钟到场,签到并领取培训教材。

讲师开始讲课,培训过程中可以布置习题和实验。

③ 结束培训。

参与培训人员对培训效果进行评价,可以有纸质或网上评价。

有关人员清理现场。

(7) 培训效果评估。

培训管理员与讲师共同评估培训效果,常用方法:

① 对学员进行测试。

② 向学员发放调查问卷。

由培训管理员和讲师一同汇总培训记录,维护培训记录,如表 6-5 所示。

表 6-5 培训记录

培训讲师	时 间	培训地点	培训人员	培训内容	培训结果	具备技能	备 注

培训流程如图 6-1 所示。

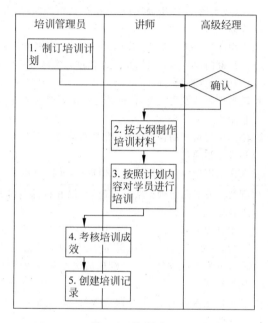

图 6-1 培训流程

6.3 开发组织内部的培训课程

（1）目标和范围。

除了对用户进行软件使用的培训，为了让员工更好地满足开发需要，开发组织内部也应为员工提供相应的培训课程，因此同样要经历开发培训课程，对培训过程反馈进行分析，培训进程内部维护的常规过程。

（2）角色和职责如表 6-6 所示。

（3）课程项目的确定。

① 员工根据自身业务技能状况所提出的需要再学习的课程项目；

② 组织根据业务发展方向对员工业务技能提出要求。

培训管理员根据以上因素制订组织培训课程计划报部门经理，经部门经理批准后成为正式培训课程计划并付诸实施。

（4）课程项目的实施评估。

根据部门经理批准的培训课程计划，培训管理员应该评估培训课程是可以组织内部开发的课程还是需要外包（外请教师、外购教材、送员工外出培训等）的课程。如果这个课程是

表 6-6　培训记录

角　色	职　责
部门经理	负责组织、协调和督促培训管理员和课程开发者在组织内正确有续地实施员工培训计划
培训管理员	① 在部门经理的领导下,认真收集员工对业务学习的各项要求,正确评估组织内员工近期急需和远期发展所需要培训和提高的业务技能方向,制订年度(或季度)员工培训计划,并按计划组织实施,并在实施过程中不断完善计划 ② 组织并协调课程开发及实施过程中的有关各方认真完成年度(或季度)计划 ③ 组织部门内技术人员对培训课程进行实施资源的评估,对课程组织和课程活动提供物质支持 ④ 聘请课程开发实施者,协助其完成培训课程的前期授课准备及后期授课过程工作 ⑤ 跟踪课程培训的进展情况,听取学员意见反馈,与课程培训者沟通以改进培训过程质量 ⑥ 在历史库中保存历次课程文档资料,并控制其版本
课程开发者(授课教师)	① 课程开发者角色根据实际情况,可以和授课教师角色为同一人,也可以分开设置 ② 有责任保证课程的设计、开发和实施过程与部门经理所批准的内容与进度一致,并使学员因学有所得而对学习项目满意
课程技术组	① 课程开发组的成员由培训管理员根据课程的实际情况在公司内部员工中选择组成 ② 负责制定课程大纲、选择课程教材、确定教学内容、推荐授课教师、评估教学结果
受训员工	① 根据不同的课程内容,产生不同的上课学员 ② 根据课程计划和教学大纲认真完成课程学习 ③ 对课程设置、课程内容、教学方式、教师工作提出评价和改进的意见和建议

组织内部可以开发的课程,则应该保证所开发课程是合格的。如果组织内部不具备这个课程的开发和实施,则应同课程技术组会商,以便选择外协合作伙伴,评估外协合作伙伴课程的实施能力。

（5）课程项目的资源准备。

培训管理员负责召集组织内部资深技术人员组成课程技术组,并由课程技术组为课程开发者推荐可适用的资源(包括课程开发实施者、参考资料、外部指导者等)。当资源被确定后,培训管理员应该将课程技术组所确定的相关资源有机地组织起来,并协调其相关的工作。

（6）课程开发与课程资料评审。

课程技术组应该提供课程的概要、描述培训目的、制定课程大纲和主要内容、推荐出席者、推荐课程开发实施者,并和课程开发者沟通,确保被开发的课程能够和培训需要相一致。

课程开发者应该根据课程技术组提供的课程大纲进行课程开发。

培训管理员应该和课程技术组、课程开发者一起组织评审会议,以确保培训材料的质量。培训材料在发布以前,最少应该按照同行评审的过程被评审两次才可以使用。

（7）培训课程的维护。

培训管理员应该经常收集培训反馈意见，定期提交培训课程状况汇报给课程技术组和课程开发者。

根据培训反馈意见，课程技术组、课程开发者和教师评审内部开发的培训课程，并更新其内容，改进提高课程的质量。

培训管理员有责任将所有被开发的材料放到历史数据中保存。

（8）反馈分析过程。

为了对培训课程进行有效开发和维护，培训管理员和课程技术组要组织课程效力的评价，参考收集的反馈信息和评价信息进行有针对性的课程更新。

培训课程开发流程如图 6-2 所示。

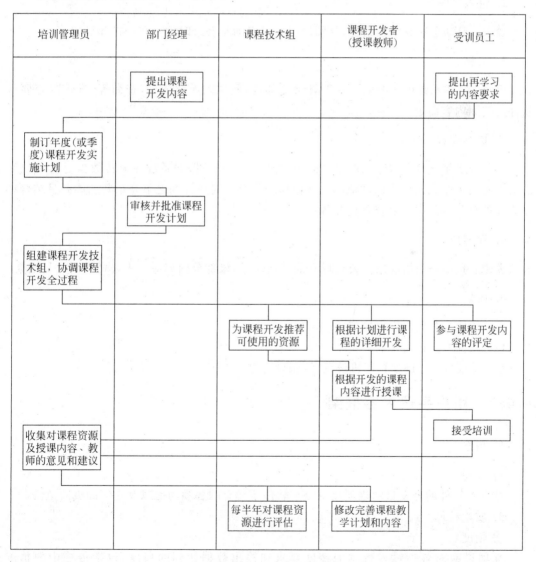

图 6-2 培训课程开发业务流程

6.4 用户手册

6.4.1 用户手册要求

要求：对正文所有的内容编制索引。

1．安装要求

要求：分计算机基本配置和如何安装两部分。

2．进入系统

要求：启动程序和登录系统，分别说明如何启动和登录时的一些操作和设置。

3．工具

要求：介绍系统中主要的一些工具化的部件，例如初始化管理，查询等，具体内容要视软件的实际内容而定。

4．扩展内容

要求：该部分内容的标题视需要而定，标题的划分是根据系统在流转数据时体现出来的为了完成一个相对独立的功能的一些窗体的集合。对应标题之下介绍其功能并且结合程序界面的贴图详细介绍其操作的步骤。

5．致客户

要求：介绍公司情况以及公司现有的一些产品，该部分内容应该由公司专门人员编纂。

6．附录

（1）软件最终用户许可协议；
（2）软件产品许可协议；
（3）重要参数：例如打印机设置、纸张设置等。

6.4.2 用户手册内容框架

1．用途

1）功能
结合本软件的开发目的逐项地说明本软件所具有的各项功能以及它们的极限范围。
2）质量特征
① 精度。
逐项说明对各项输入数据的精度要求和输出数据达到的精度，包括传输中的精度要求。

② 时间特性。

定量地说明本软件的时间特性,如响应时间、更新处理时间、数据传输与转换时间、计算时间等。

③ 灵活性。

说明本软件所具有的灵活性,即当用户需求(如对操作方式、运行环境、结果精度、时间特性等的要求)有某些变化时,本软件的适应能力。

④ 安全保密。

说明本软件在安全、保密方面的设计考虑和实际达到的能力,国产化环境的满足程度。

其他对用户来说重要的质量特征。

3)限制条件

说明使用本软件受到的可能限制,如法律、知识产权的要求等。

2．运行环境

1)硬件和网络

列出为运行本软件所要求的硬件设备和网络的最小配置,如

① 处理机的型号、内存容量;

② 所要求的外存储器;

③ 网络类型和带宽。

2)支持软件

说明为运行本软件所需要的支持软件,如

① 操作系统的名称、版本号;

② 程序语言的编译环境和版本号;

③ 数据库管理系统的名称和版本号;

④ 其他支持软件。

3．软件系统的使用

首先用图表的形式说明软件的功能同系统的输入源机构、输出接收机构之间的关系。

1)安装与初始化

一步一步地说明为使用本软件而需进行的安装与初始化过程,包括程序的存储形式、安装与初始化过程中的全部操作命令、系统对这些命令的反应与答复。表征安装工作完成的测试实例等。如果有,还应说明安装过程中所需用到的专用软件。

2)输入

规定输入数据和参量的准备要求。

(1)输入数据的背景。

说明输入数据的背景,主要是:

① 场景,例如人员变动、库存、缺货;

② 场景出现的频率,例如是周期性的、随机的、一项操作状态的函数。

③ 场景来源,例如人事部门、仓库管理部门;

④ 输入媒体,例如从键盘,从光盘、U 盘、磁带导入;

⑤ 限制,出于安全、保密考虑而对访问这些输入数据所加的限制;

⑥ 质量管理,例如对输入数据合理性的检验以及当输入数据有错误时应采取的措施,如建立出错情况的记录等;

⑦ 处理要求,例如如何确定输入数据是保留还是废弃。

（2）输入格式。

说明对初始输入数据和参量的格式要求,包括语法规则和有关约定,如

① 长度,例如字符数/行,字符数/项;

② 格式基准,例如以左侧的边沿为基准;

③ 标号,例如标记或标识符;

④ 顺序,例如各个数据项的次序及位置;

⑤ 标点,例如用来表示行、数据组等的开始或结束而使用的空格、斜线、星号、字符串等;

⑥ 词汇表,给出允许使用的字符组合的列表,禁止使用的字符组合列表等;

⑦ 省略和重复,给出用来表示输入元素可省略或重复的表示方式;

⑧ 控制,给出用来表示输入开始或结束的控制信息。

（3）输入举例。

为每个完整的输入形式提供样本,包括:

① 控制或首部,例如用来表示输入的种类和类型的信息,标识符,输入日期,正文起点和对所用编码的规定;

② 主体,输入数据的主体,包括数据格式;

③ 尾部,用来表示输入结束的控制信息,累计字符总数等;

④ 省略,指出哪些输入数据是可省略的;

⑤ 重复,指出哪些输入数据是重复的。

3）输出

对每项输出做出说明。

（1）输出数据的现实背景,说明输出数据的要求,主要是:

① 使用,这些输出数据是给谁的,用来干什么;

② 输出频率,例如每周的、定期的或备查阅的;

③ 输出方式,打印、显示、写入硬盘或 U 盘;

④ 质量管理,例如关于合理性检验、出错纠正的规定;

⑤ 处理,例如确定输出数据是保留还是废弃。

（2）输出格式。

给出对每一类输出信息的解释,主要是:

① 首部,如输出数据的标识符,输出日期和输出编号;

② 主体,输出信息的主体,包括分栏标题;

③ 尾部,包括累计总数,结束标记。

（3）输出举例。

为每种输出类型提供例子，对例子中的每一项，说明：

① 定义，每项输出信息的意义和用途；

② 来源，是从特定的输入中抽出、从数据库中取出或从软件的计算过程中得到的；

③ 特性，输出的值域、计量单位、在什么情况下可缺省等。

4）数据查询

输出有两种方式：运算输出和查询输出。查询输出应说明查询的能力、方式，所使用的命令和所要求的输入条件规定。

5）出错处理和恢复

列出由软件产生的出错编码或条件以及应由用户承担的修改纠正工作。指出为了确保再启动和恢复的能力，用户必须遵循的处理过程。

6）客户端操作

当用户是在客户端（PC或手机）上工作时，应说明客户端的配置安排、连接步骤、数据和参数输入步骤以及控制规定。说明通过客户端操作进行查询、检索、修改数据的能力、语言、过程以及辅助性程序等。

6.5 产品手册要求

要求：对正文所有的内容编制索引。

1. 适应用户

要求：写明产品的适用场景和人员。

2. 应用价值

要求：分析出产品在应用领域可以带来的各方面的价值，最好能结合实例予以说明。

3. 系统特点

要求：主要描述是通过什么样的软硬件来构建起这个系统的。同时，最好能描述一下系统在处理突发事件时的情况。

4. 系统功能

要求：参照用户手册中的扩展分类部分，将这一块的内容大致分为和用户手册的扩展部分相对应的内容，但是其描述注重于功能的说明，尤其是要介绍在各自部分中用到的工具化的部件。

5. 联系我们

要求：介绍公司的联系方法，并且附带介绍公司的运营情况和主流业务。

6.6 项目总结

6.6.1 项目总结要求

软件系统研发能力的提高往往不是从成功的经验中来的,而是从失败的教训中来的。许多项目经理不注重经验教训的总结和积累,即使在项目运作过程中碰得头破血流,也只是抱怨运气、环境和团队配合不好,很少系统地分析总结,或者不知道如何分析总结,以至于同样的问题反复出现。

事实上,项目总结工作应作为现有项目或将来项目持续改进工作的一项重要内容,同时也可以作为对项目合同、设计方案内容与目标的确认和验证。项目总结工作包括项目中事先识别的风险和没有预料到而发生的变更等风险的应对措施的分析和总结,也包括项目中发生的变更和项目中发生问题的分析统计的总结。

项目总结过程的角色和职责如表 6-7 所示。

表 6-7 项目总结过程的角色和职责

角　　色	职　　责
项目经理	从项目计划、项目实施过程中的管理角度对项目总结
需求分析人员	从需求分析、需求变更角度总结
开发人员	从编码、测试纠错角度总结
测试人员	对测试过程进行总结
配置管理人员	从配置管理角度总结
SQA 代表	从项目实施过程质量保证角度总结

6.6.2 项目总结报告内容框架

1. 实际开发结果

1) 产品

说明最终制成的产品,包括:

① 系统共有哪几个版本,各自的版本号及它们之间的区别;

② 所建立的每个数据库;

③ 系统中各个程序的名字,它们之间的层次关系,以千字节为单位的各个程序的程序量。

2) 主要功能和质量

逐项列出本软件产品所实际具有的主要功能和质量,对照可行性研究报告、项目开发计划、功能需求说明书的有关内容,说明原定的开发目标是达到了、未完全达到、或超过了。如果开发中制订过配置管理计划,要同这个计划相比较。

3）基本流程

用图给出本程序系统实际的基本处理流程。

4）进度

列出原定计划进度与实际进度的对比，明确说明，实际进度是提前了、还是延迟了，分析主要原因。

5）费用

列出原定计划费用与实际支出费用的对比，包括：

① 工时，以人天为单位，并按不同级别统计；

② 物料消耗、出差费等其他支出。

明确说明，经费是超出了、还是节余了，分析其主要原因。

2. 开发工作评价

1）对生产效率的评价

给出实际生产效率，包括：

① 程序的平均生产效率，即每人月生产的行数；

② 文件的平均生产效率，即每人月生产的千字数；

列出原定计划数作为对比。

2）对产品质量的评价

说明在测试中检查出来的程序编制中的错误发生率，即每千条指令（或语句）中的错误指令数（或语句数）。如果开发中制订过质量保证计划或配置管理计划，要同这些计划相比较。

3）对技术方法的评价

给出在开发中所使用的技术、方法、工具、手段的评价。

4）出错原因的分析

给出开发中出现的错误的原因分析。

3. 经验与教训

列出从这项开发工作中所得到的最主要的经验与教训及对今后的项目开发工作的建议。

第 7 章

项目管理过程类文档写作

项目管理集中反映在成本、质量和进度三个方面,这三个方面通常称为项目管理的"三要素"。项目管理过程涉及对整个软件过程的管理,执行项目管理的主要角色是项目经理。

7.1 项目管理过程

软件的特点在于与其他任何产品不同,软件产品是无形的,完全没有物理属性。软件项目管理和其他的项目管理比有相当的特殊性。首先,软件是纯知识产品,其开发进度和质量很难估计和量度,生产效率也难以预测和保证。其次,软件系统的复杂性也导致了开发过程中各种风险的难以预见和控制。

软件项目管理是为了使软件项目能够按照预定的成本、进度、质量顺利完成,而对人员与过程进行分析和管理的活动。软件项目管理的根本目的是为了让软件项目的整个生命周期都处于管理者的控制之下,以预定的成本,按期、按质完成软件交付用户使用。

软件项目管理的内容主要包括以下几个方面:软件项目计划、人员的组织与管理、软件估算管理、风险管理、软件质量保证和软件配置管理等。这几个方面都是贯穿、交织于整个软件开发过程的,其中软件项目计划主要包括工作量、成本、开发时间的估计,并根据估计值制定和调整项目组的工作,已在第 2 章介绍;人员的组织与管理把注意力集中在项目组人员的构成、优化;软件估算关注用量化的方法评测软件开发中的费用、生产率、进度和产品质量等要素是否符合期望值,包括过程量度和产品量度两个方面;风险管理预测未来可能出现的各种危害到软件开发进度、质量的潜在因素并由此采取措施进行预防;质量保证是通过评审拟定出的标准、步骤、实践和方法正确地被项目采用而进行的有计划,有组织的活动,将在第 8 章介绍;软件配置管理是针对整个生命周期内的变化进行管理的一组活动,将在第 9 章介绍。

软件项目管理的主要功能包括：

(1) 制订计划。规定待完成的任务、要求的资源、人力和进度等。

① 确定软硬件资源。

硬件要求：基本配置、用途要求。

软件要求：支撑软件、中间件、应用软件。

软件开发所需的资源可画成一个金字塔，在塔的底部必须有现成的用于支持软件开发的工具，如软件工具及硬件工具，在塔的高层是最基本的资源，即人员。

② 人员的计划和组织。

人的要求：技能要求、开始时间、工作期限。

③ 成本估计及控制。

软件开发成本主要是指软件开发过程中所花费的工作量及相应的代价，可以通过类似项目比较、建立模型和凭经验估算成本。

④ 进度计划。

软件工作的特殊性；

各阶段工作量的分配；

制定开发进度。

(2) 建立项目组织。为实施计划，保证任务的完成，需要建立分工明确的责任机构。

(3) 配备人员。任用各种层次的技术人员和管理人员。

(4) 指导。激励项目参与人员完成所分配的任务。

项目管理的角色和职责如表 7-1 所示。

表 7-1　项目管理的角色和职责

角　　色	职　　责
项目经理	管理项目，分配资源
高级经理	评审、审批项目计划
SQA 代表	监督项目经理遵守质量目标，执行质量保证相关活动

过程如下：

1. 项目计划

为管理软件项目建立合理的计划。

1) 估算

项目经理依据估算过程填写估算工作表，为项目计划提供规模、人力和花费等估算信息。

2) 过程裁减

项目经理按照裁剪过程对项目过程进行裁减，它将是建立软件开发计划的基础。

3) 风险识别

在计划阶段，项目经理应该对风险进行识别和估计，按照风险管理过程生成风险管理计划和风险管理列表。

4）软件开发计划

项目经理制作软件开发计划，高级经理、软件工程过程小组（Software Engineering Process Group，SEPG）评审该计划，计划被审批通过并获得承诺后开始执行。

2. 项目的执行和跟踪

软件开发计划是项目跟踪的基础，项目经理按照时间进度管理过程制作详细的项目进度计划，并且被高级经理和 SQA 代表评审。

1）任务的分配和跟踪

项目经理按项目进度计划分配任务到每个项目组成员，包括任务的成果和时间进度等信息。

项目经理应该及时监控被分配的任务。

当任务被完成后，任务的状态、意见和实际数据（成果、完成时间等）应该被提交给项目经理。

2）项目文件

项目经理有责任维护项目执行过程中产生的文件，这些文件包括合同、信件、项目计划、会议记录、重要的电子邮件及各种报告等。

3）项目状态报告

项目经理制作项目状态报告，报告的频率在软件开发计划中定义，报告提交给高级经理进行评审。

4）质量保证

SQA 代表按照 SQA 过程评审（或审计）项目执行和跟踪活动及其工作产品。

3. 项目计划修改

当项目发生重大偏差或者需求变更时，软件开发计划及其相关计划必须被修改。

当发生重大偏差时，项目经理识别并记录影响项目交付、质量目标或进度的偏差，并且提交给高级经理进行评审。然后，由项目经理将纠正活动整合到所有的计划中。

当发生需求变更时，需求分析人员按变更管理过程向项目经理提交需求变更申请表，当变更申请被确认后，项目经理修改计划将变更纳入其中。

当偏差或者需求变更使得项目计划无法纳入时，项目经理修改项目计划，重新发布项目计划到相关组进行评审，并获取新的承诺。

4. 项目结束

当项目完成，项目经理主持召开项目总结会议，出席者包括项目组、SQA 代表、高级经理等，项目经理制作项目总结报告。项目经理还要保证项目文件是完整的。

项目管理原则如下：

（1）项目小组必须基于需求，建立项目计划参数的估计，并将其文档化。

（2）项目经理对项目进行估算，建立和维护项目计划，并以此计划作为管理项目的基础。

（3）项目计划应得到负责执行计划和支持计划执行的相关人员的认可。

（4）应对照项目计划管理和监督项目的实际效率和进展情况。

（5）对项目的性能或结果与其计划偏差达到"严重"的阈值的时候，要采取适当的纠正行动并对其加以管理直至问题得到解决。

（6）对需要从外部获取产品和服务的项目应当和供应商建立正式的合同。

（7）根据确定的信息需要和目标，建立、收集、分析和报告量度。

（8）量度和分析结果应被管理并储存，同时向相关人员报告量度和分析结果。

（9）项目计划应在 SQA 代表的参与下共同制订。

7.2 项目风险管理

1. 风险管理目标

一般来说，在风险发生前就能够识别一些潜在的问题。因此为了达到预期目标，风险管理活动必须可以被计划并在需要的时候调用，这些活动一定要贯穿在整个项目的生命周期中以减少不利的影响。在项目的生命周期内，循环执行风险识别、风险分析、风险减缓和风险跟踪，直到项目的所有风险都被识别与解决为止。

风险管理随项目启动而启动，随项目结束而结束。

2. 角色和职责

项目风险管理的主要角色是项目经理，根据企业规模和项目复杂程度，也可以成立风险管理小组，专门负责对项目风险进行管理。项目风险管理的角色和职责如表 7-2 所示。

表 7-2 项目风险管理的角色和职责

角 色	职 责
项目经理	制定风险管理列表，跟踪并更新此列表
项目成员	协助项目经理处理风险
高级经理	审批风险管理报告

3. 输入和输出

输入：

（1）项目计划。

（2）项目监控过程产生的文档：项目监控数据表、项目偏差控制报告、项目进展报告。

（3）任何在项目中引入风险的因素。

输出：

风险管理列表。

4．风险管理策略

（1）整个项目组在项目生命周期中应该能够严格执行所实施的风险管理过程。

（2）项目经理应该根据风险管理列表，定期（如两周一次）识别或再次评估项目的风险。

（3）项目经理应该参照风险严重性等级、可能性等级、风险系数等级这三个列表，来评估每个风险的严重性、可能性和风险系数，并按照风险系数从高到低的顺序排列风险，划分出优先级。

风险定义的风险严重性等级如表 7-3 所示，风险可能性等级如表 7-4 所示，风险系数如表 7-5 所示。

表 7-3　风险严重性等级

参　　数	等　　级	系数/人天	描　　述
风险严重性	很高	15	例如进度延误大于 30％，或者费用超支大于 30％
	比较高	10	例如进度延误 20％～30％，或者费用超支 20％～30％
	中等	7	例如进度延误低于 20％，或者费用超支低于 20％
	比较低	5	例如进度延误低于 10％，或者费用超支低于 10％
	很低	2	例如进度延误低于 5％，或者费用超支低于 5％

表 7-4　风险可能性等级

参　　数	等　　级	值/％	描　　述
风险可能性	很高	100	风险发生的几率为 0.8～1.0
	比较高	80	风险发生的几率为 0.6～0.8
	中等	60	风险发生的几率为 0.4～0.6
	比较低	40	风险发生的几率为 0.2～0.4
	很低	20	风险发生的几率为 0.0～0.2

表 7-5　风险系数　　　　　　　　　　　　单位：人天

风险系数		风险可能性系数				
		很高 1	比较高 0.8	中等 0.6	比较低 0.4	很低 0.2
风险严重性系数	很高 15	15	12	9	6	3
	比较高 10	10	8	6	4	2
	中等 7	7	5.6	4.2	2.8	1.4
	比较低 5	5	4	3	2	1
	很低 2	2	1.6	1.2	0.8	0.4

此表灰色部分的风险系数值为 5～15，应当优先处理。

（4）决定风险来源：是内部还是外部的。

（5）对风险系数超过容许值（容许值或者阈值：建议使用项目人天数的 10％）的每一个风险，项目经理应当给出风险减缓措施，并指定责任人。风险系数越高，越先处理。

5．执行流程

（1）风险识别。

识别风险来源和类别：对风险进行估计，列出风险来源、风险种类和风险优先级。

（2）风险分析。

（3）风险减缓。

对于所识别的每一个风险作风险管理报告，包括：风险减缓计划，应急计划，并对每一个风险的缓解计划或者应急计划进行跟踪。

（4）处理风险方法。

① 确定每一个风险的系数等级，填写风险管理报告。

② 分析在每一个风险中个人或者组织所承担的责任。

（5）风险跟踪：跟踪风险减缓过程，记录风险的状态，并记录风险结果。

（6）项目经理定期（如每两周）执行一次风险监控和评估。

7.3　时间进度管理

时间进度管理是为了确保项目按期完成，针对里程碑和执行的活动制订工作计划日程并保证按计划准时完成的管理过程。时间进度管理的目标是对进度要求通过严密的进度计划及各种约束，使项目能够尽快地竣工。

常用的制订进度计划的工具主要有甘特图和工程网络两种，甘特图具有直观简明、容易学习、容易绘制等优点，但它不能明显地表示各项任务彼此间的依赖关系，也不能明显地表示关键路径和关键任务，造成进度计划中的关键部分不明确。工程网络不仅能描绘任务分解情况及每项作业的开始时间和结束时间，而且还能清楚地表示各个作业彼此间的依赖关系。从工程网络图中容易识别出关键路径和关键任务。通常，联合使用甘特图和工程网络这两种工具来制订和管理进度计划，使它们互相补充、取长补短。

进度安排是软件项目计划的首要任务，而项目计划则是软件项目管理的首要组成部分，进度安排需要与估算方法和风险分析相结合。

（1）角色和职责如表 7-6 所示。

表 7-6　时间进度管理的角色和职责

角　　色	职　　责
SQA 代表	根据 QA 过程，负责建议项目经理坚持相关质量任务和目标
项目经理	负责生成、修改和更新项目进度表
高级经理	批准并核查项目进度
项目小组	评审和确认项目进度中的相关任务并执行它

时间进度安排是项目计划的一部分，时间的安排需要参照估算过程，时间进度管理需要参照项目管理过程管理。

（2）时间进度管理的有效输入如下：

① 公司历史项目数据（过去项目的量度）；

② 项目合同；

③ 最初的项目需求；

④ 软件开发计划；

⑤ 项目大小、人力和资源估算。

（3）时间进度管理的输出如下：

① 项目进度表；

② 用来制作进度表的信息和相关假设。

（4）控制机制。

① 项目进度要被所有项目组成员（包括 SQA 代表）和其他相关人员评审和批准。

② 项目进度应该被高级经理批准。

③ 项目进度应该在每一个阶段/定期的评估会议中被评审。

④ 主要项目里程碑的改变要由高级经理、SQA 经理评审和批准。

⑤ 项目进度和制作进度中所使用的信息都应该放入项目配置库中。在项目关闭或者一个阶段完成以后，项目进度和项目实际发生的情况都会被存储在历史数据库中，以便在将来的项目计划中起到帮助作用。

（5）流程。

① 项目进度估算。

可以使用诸如 MS Project 来记录进度表。

② 识别关键依赖和关键路径。

项目经理借助 MS Project 找到关键路径，从而管理关键路径和关键依赖，并在风险管理报告中记录风险诸如管理活动，确保任务能及时完成。

③ 评审和批准。

项目计划应经过项目组所有成员和相关成员的评审，得到他们的认可，并最终由项目经理和高级经理批准。

④ 跟踪和管理。

项目经理要保持按照项目计划跟踪项目进度，要举行内部评审并在项目周期状态报告中汇报项目状态，包括当前状态，与计划的偏差，风险的应急和缓解计划以及执行情况。

项目计划应该能够被项目经理不断地更新，使它能够及时地反映项目状态和日期。

如果因为进度表的偏离或者外界变化造成了进度表在将来的开发中不能被使用，那么就必须修改进度表。项目进度的改变和主要项目里程碑的改变也要由高级经理和 SQA 经理所批准。

⑤ 格式和内容。

进度表可以用诸如 MS Project 编辑，进度表要根据项目计划中所定义的生命周期被拆分，进度表也必须能够反映和适合所选择的生命周期的 WBS。项目里程碑也要在进度表中显示出来。

对于同一个项目的进度表的版本尽量要保持同一个格式，使用进度计划模板来制作。

时间进度管理过程如图 7-1 所示。

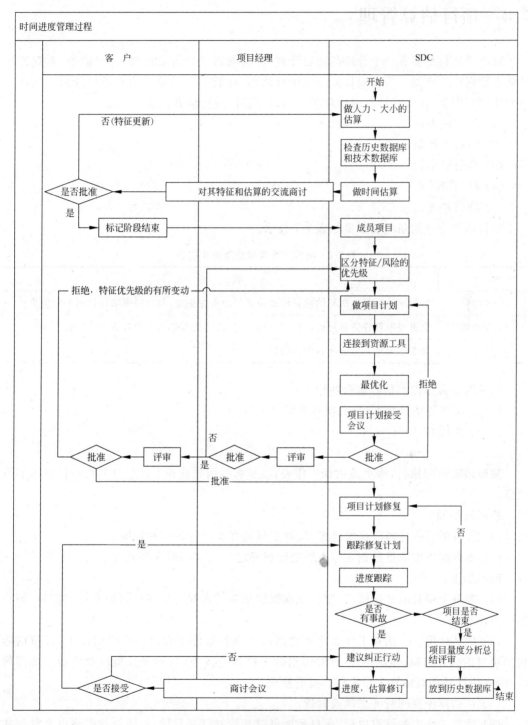

图 7-1　时间进度管理过程

7.4　项目估算管理

软件项目首先要有一个合理的项目计划,好的项目计划需要准确的、可信的、客观的项目估算数据作为依据。所有项目都应先进行估算,然后在此基础上建立项目计划。软件项目的属性有很多,在项目计划时建议至少对以下属性进行估算:

(1) 项目规模;

(2) 项目工作量;

(3) 项目成本;

(4) 项目资源;

(5) 项目进度。

项目估算管理的角色和职责如表 7-7 所示。

表 7-7　项目估算管理的角色和职责

角　色	职　责
SQA 经理	负责审计以保证所有的估算被相关部门评审并接受,同时确保项目计划基于估算
SQA 小组	负责评审软件估算流程,对于如何使用公司历史数据来建立可靠的估算提供指导
项目经理	负责本流程在自己项目中的应用

以下内容可以作为估算流程的输入:

(1) 公司历史项目数据(过去项目的量度);

(2) 工作说明书(SOW);

(3) 合同。

按照估算流程执行,将生成估算工作表,以及那些用来获得上述估算的背景信息和假设信息。

控制机制如下:

(1) 所有项目估算需经高级经理、软件工程过程小组的评审和批准。

(2) 所有的历史项目数据在存入历史数据库之前,需经 SQA 经理评审。

流程如下:

(1) 在每个项目的开始阶段,项目经理根据基本需求和历史项目数据来做出估算,填写估算工作表。

(2) 估算结果——估算工作表将接受高级经理和软件工程过程小组的评审,评审内容包括项目的估算规模、量度单位、计算得出的工作量与成本,日程表长短以及资源。如需修改,则由项目经理对估算工作表做必要的修改。

(3) 在估算中要同时考虑风险管理。

(4) 估算工作表被评审以后,项目经理可以开始制订项目计划,估算数据将以文件形式保存在项目文档和历史数据库中。

(5) 如果高级经理要求项目经理重新考虑估算,项目经理将只能在其力所能及的前提下削减估算。在削减估算的关键点上,需要明确一些需求,缩减项目范围或减少工作量。项目经理不应当接受一个其没有把握的估算要求。

(6) 随着项目发展,可以通过提高估算技巧,调整估算结果,在项目初始阶段,可能只有功能点或历史数据可以使用,随着对系统的深入了解,有必要进行再次估算,以使估算结果更加精确。

(7) 当每个阶段结束的时候,项目经理将重新估算,生成一个新的版本。经修改的估算信息将保存在公司历史数据库中。

(8) 项目经理将在估算工作表中建立软件规模、工作量和成本的阈值,来监管项目是否超出估算,当超出某一项阈值时,项目经理应首先找出超出原因,加强项目组的管理,并重新估算,更新项目计划。重新估算的结果以及新的项目计划,应当重新评审并得到批准。

基本估算方法分有以下几种:

自顶向下的估算方法;

自底向上的估计法;

差别估计法;

专家判定技术;

成本估算模型。

下面简单介绍几个软件属性的估算:

(1) 软件规模估算。

对项目规模进行估算是为了将项目的范围进行量化,项目规模的估算是整个软件估算中最核心、最基础的环节,也是整个估算的第一步。软件项目的规模可以使用面向功能点的量度和面向规模的量度两种方式。两种量度方式都必须使用历史数据,同时需要在使用各种规模估算技巧方面进行培训。

(2) 项目工作量估算。

在项目规模的基础上,可以利用组织级生产率得到项目总的工作量,即通过组织级生产率乘以功能点数目。

(3) 项目资源估算。

项目所需资源包含在项目计划中,项目中以下资源应予以明确估算。

① 人力资源:能力及责任,项目持续时间及项目对各人力资源的利用。

② 软件资源:项目涉及的所有软件及数量,如需要也包括如何安装及设置。由于工作量及进度估算是基于使用某种特定软件工具的假定,这一点显得尤为重要。

③ 硬件资源:项目涉及的所有设备及数量,如需要也包括如何安装及设置。

④ 其他相关资源。

(4) 项目进度估算。

进度估算应该基于规模、工作量和资源的估算,包括对所需开发人员和项目持续时间的估算,它被包括在软件开发计划中。

(5) 项目成本估算。

劳动力成本估算基于工作量估算,在这个估算过程中,只有非劳动力成本条目化并累加。这些非劳动力成本包括设备、材料、通信、差旅、住宿等。

　　一个项目计划产生过程中所使用的估算应作为该项目计划的支持数据被保存。项目结束时,这些估算数据应交给项目经理保存在公司历史数据库中,那些经修改的估算和最终真实的项目数据也应保存在历史数据库中。

　　任何其他不涉及具体项目但被认为值得保存的估算应交给 SEPG 负责保存,以备查询。

　　一个项目计划产生过程中所使用的估算必须在其被使用,被保存到项目文档之前,获得项目经理、项目小组、高级经理的批准。所有估算所基于的假设也必须获得小组的评审和通过并记录下来。

　　当项目估算被更新时,必须用版本号来标明新的估算,并说明更新的理由。项目经理将在项目文档中保存所有估算版本。

　　项目估算结果是一个确切的数字,可以附带一个变动范围,例如,设定变动范围(如 5～7 个月);数量设定上下偏差(例如 65 000SLOC±5000SLOC)。但是变动范围不作为最后的量度目标。

　　尽一切可能把以下信息包括到估算中:

　　(1) 相加决定整体规模的每个部分/模块的大小。

　　(2) 所使用的量度单位。

　　(3) 所使用的关键参数值(例如每个功能点的代码行数、生产率等)。

　　(4) 估算所参照的历史项目数据。

　　(5) 意外情况,如风险管理数据等。

　　对于同一个项目的估算尽可能使用同一种格式,以使不同版本易于比较。

7.5　项目管理过程文档

　　项目管理过程文档很多,月报和开发人员的工资与绩效直接相关,周报是项目经理掌握进度的重要依据,日报则具有一定的偶然性,一般在周报或月报的基础上调整时间进度和做风险控制。风险列表见附录 G.1,周报见附录 G.2。下面给出的是月报的文档要求。

1. 标题

　　开发中的软件系统的名称和标识符、分项目名称和标识符、分项目负责人签名、本期月报编写人签名、本期月报的编号及所报告的年月。

2. 工程进度与状态

1) 进度

　　列出本月内进行的各项主要活动,并且说明本月内遇到的重要事件,这里所说的重要事件是指一个开发阶段(即软件生存周期内各个阶段中的某一个,例如需求分析阶段)的开始或结束,要说明阶段名称及开始(或结束)的日期。

2) 状态

　　说明本月的实际工作进度与计划相比,是提前了、按期完成了、或是推迟了。如果与计划不一致,说明原因及准备采取的措施。

3. 工时耗用与状态

1) 工时耗用

主要说明本月内耗用的工时,分为三类:

(1) 管理用工时,包括在项目管理(制订计划、布置工作、收集数据、检查汇报工作等)方面耗用的工时;

(2) 服务工时,包括为支持项目开发所必须的服务工作及非直接的开发工作所耗用的工时;

(3) 开发用工时,要分各个开发阶段填写。

2) 状态

说明本月内实际耗用的工时与计划相比,是超出了、相一致,还是不到计划数。如果与计划不一致,说明原因及准备采取的措施。

4. 经费支出与状态

此段内容由项目经理在项目组的月报中填写,个人的月报不写此段。

1) 经费支出

(1) 运行费用。

列出本月内支出的支持性费用,一般可按以下 6 类列出,并给出本月运行费用的总和:

① 工资、奖金、补贴;

② 培训费,包括给教师的酬金及教室租金;

③ 资料费,包括复印及购买参考资料的费用;

④ 会议费,包括召集有关业务会议的费用;

⑤ 差旅费;

⑥ 其他费用。

(2) 购置费。

列出本月内支出的购置费,一般可分以下 2 类:

① 购买软件的名称与金额;

② 购买硬设备的名称、型号、数量及金额。

2) 状态

说明本月内实际支出的经费与计划相比较,是超过了、相符合,还是不到计划数。如果与计划不一致,说明原因及准备采取的措施。

5. 下个月的工作计划

根据项目进度计划和本月工作计划执行情况,制定下个月的工作计划,力争使下个月的工作计划和项目进度计划吻合。

6. 建议

本月遇到的重要问题和应引起重视的问题以及因此产生的建议。

第 8 章

质量保证文档写作

8.1　软件质量保证定义

软件质量保证(SQA)是建立一套系统的、有计划的方法,来向管理层保证拟定出的标准、步骤、实践和方法能够正确地被所有项目采用。软件质量保证的目的是使软件过程对于管理人员来说是可见的,它通过对软件产品和活动进行评审和审计来验证软件是合乎标准的。软件质量保证组在项目开始时就一起参与建立计划、标准和过程,这些将使软件项目满足机构方针的要求。

在最初,质量保证的职责就是测试(主要是系统测试),由于缺乏有效的项目计划和项目管理,留给系统测试的时间往往很少。另外,需求变化太快,没有完整的需求文档,测试人员就只能根据自己的想象来测试。这样一来,测试就很难保障产品的质量,于是事先预防的质量保证职能就应运而生了。事先预防其实是借鉴了 TQM 的思想,而且也符合软件工程"缺陷越早发现越早修改越经济"的原则。

质量保证提供人员和管理机制来客观地监控过程和相关工作产品,质量保证包括评审和审计软件产品或工作产品及其行为,以检验它们是否符合可适用的过程和标准并为相关管理人员提供审计和评审结果。软件评审是最为重要的 SQA 活动之一,它的作用是在发现及改正错误的成本相对较小时就及时发现并排除错误。审查和走查是进行评审的两类具体方法,审查的过程不仅步数比走查的多,而且每个步骤都是正规的。

1. SQA 的目标

(1) 软件开发工作是有计划进行的。

(2) 客观地验证软件项目产品和工作是否遵循恰当的标准、步骤和需求。

(3) 将软件质量保证工作及结果通知给相关组别和个人。

（4）使高级管理层接触到在项目内部不能解决的不符合类问题。

2．SQA 的原则

（1）所有项目都必须根据项目计划制订 SQA 计划，项目经理必须保证 SQA 计划在项目生命周期中被执行。

（2）SQA 有一个向高级管理者报告的渠道。

（3）SQA 经理必须保证 SQA 小组成员受到相应的培训。

（4）项目经理应该保证 SQA 计划评审是基于项目进度表的。

（5）高级经理必须为 SQA 活动提供足够的资源和资金，并建立一个 SQA 小组对所有项目负责。

（6）SQA 小组必须参加软件项目的开发计划、标准、过程的准备和评审。

（7）SQA 的报告和活动必须通知受影响的小组和个人。项目经理有责任对这些结果采取合适的解决措施。项目经理不能解决的应该马上向高级经理汇报。

（8）所有软件活动中产生的偏差必须被文档化。

（9）高级经理定期评审 SQA 活动和结果。

（10）SQA 小组定期向软件工程小组汇报工作。

（11）SQA 小组定期向高级经理汇报工作。

（12）公司可以聘请咨询公司对 SQA 工作进行定期地独立评审。

软件质量保证是为保证软件系统或软件产品最大限度地满足用户要求而进行的有计划、有组织的活动，其目的是生产高质量的软件。有多种软件质量模型来描述软件质量特性，著名的有 ISO/IEC9126 软件质量模型和 McCall 软件质量模型。

3．软件质量的定义

软件最终是要交付给用户使用的，因此应从用户的角度来定义软件质量目标，软件应满足用户的业务需求，实现令人满意的用户体验。这样做的好处是：既不将质量目标定得太高，也不将目标定得过低，根据时间、资源和预算等客观情况定义合适的软件质量标准最好。软件质量反映了以下三方面的问题。

（1）软件需求是量度软件质量的基础，不符合需求的软件就不具备质量。

（2）在各种标准中定义了一些开发准则，用来指导软件人员用工程化的方法来开发软件。如果不遵守这些开发准则，软件质量就得不到保证。

（3）往往会有一些隐含的需求没有明确地提出来。如果软件只满足那些精确定义了的需求而没有满足这些隐含的需求，软件质量也不能保证。

4．软件质量保证策略

为了在软件开发过程中保证软件的质量，主要采取下述措施：

（1）审查；

（2）复查和管理复审；

（3）测试。

5. 软件质量保证活动

（1）验证与确认；

（2）开发时期的配置管理。

6. 软件评审

通常，把质量定义为用户的满意程度。为使得用户满意，有两个必要条件：

（1）设计的规格说明要符合用户的要求；

（2）程序要按照设计规格说明所规定的情况正确执行。

为确保设计和程序质量，应对下面的过程进行评审：

（1）确保已建立用于描述设计的标准，并且确保遵循这些标准。

（2）确保适当地控制并用文档记录对设计进行的变更。

（3）确保在系统设计组件已按照商定的准则得到批准之后才开始编码。

（4）确保对设计的评审按照进度进行。

（5）确保代码遵循已建立的风格、结构和文档标准。

（6）确保代码经过适当的测试和集成，同时对编码模块的修改进行适当的标识。

（7）查看代码编写是否遵循既定的进度。

（8）确保代码评审按照进度进行。

8.2　软件质量保证管理

8.2.1　SQA 过程

SQA 过程为保证软件工作的质量，其执行的活动贯穿于软件项目的整个生命周期。

1. 输入

（1）合同，需求规格说明书或者工作说明书（SOW）；

（2）公司已制定的标准过程。

2. 输出

（1）项目 SQA 计划；

（2）SQA 评审和审计报告；

（3）SQA 每周报告；

（4）SQA 汇总报告；

（5）偏差报告及跟踪解决结果。

3. 角色和职责

SQA 过程的角色和职责如表 8-1 所示。

表 8-1 SQA 过程的角色和职责

角　色	职　责
项目经理	保证安排好项目的 SQA 活动的时间表和 SQA 资源足够和可用,当 SQA 代表或 SQA 经理报告偏差的时候要执行纠正行动
SQA 经理	保证 SQA 过程紧跟项目计划;领导 SQA 评审和审计;向项目经理和高级经理报告偏差
SQA 代表	计划 SQA 活动和执行项目的评审和审计
高级经理	定期评审 SQA 报告;有必要的情况下对偏差采取适当的措施

4. 控制机制

(1) SQA 经理准备和维护 SQA 的过程和实践(包括文档)。SQA 经理保证这些文档和公司软件质量原则与其他原则保证一致。

(2) SQA 经理计划 SQA 活动,包括预算、资源分配,并制定 SQA 进度表。

(3) SQA 经理指派 SQA 代表通过规划来确保项目的质量。

(4) SQA 经理确认 SQA 代表是经过专业训练的。

5. SQA 流程

SQA 流程如图 8-1 所示。

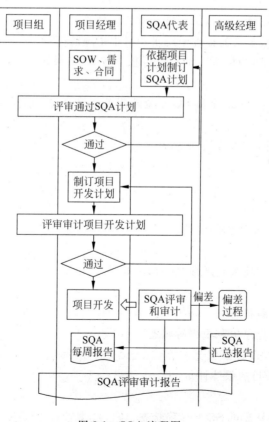

图 8-1　SQA 流程图

1）项目 SQA 计划

① 参与项目组分析需求，尤其是质量要求，将确认的需求文档作为项目 SQA 计划的输入。

② SQA 代表根据项目经理建立的项目计划制订这个项目的 SQA 计划。

③ 项目组、SQA 代表、相关工作组人员评审 SQA 计划。

④ SQA 经理批准项目 SQA 计划。

⑤ SQA 计划受配置管理过程的控制。

⑥ SQA 计划跟踪项目中大的里程碑，详细的活动在项目进度计划中跟踪。

2）评审和审计

① SQA 代表参与软件开发计划、项目计划以及在 SQA 计划中定义的其他项目文档的准备和评审。如果这些计划背离公司的过程或标准，必须有 SQA 经理的批准。

② SQA 代表评审或审计项目的工程活动，验证是否符合项目计划、公司原则和过程。

③ SQA 代表依照项目或公司计划、标准和需求审计项目工作产品。

④ 项目结束时，SQA 代表和项目经理、项目组成员、配置管理员参加评审会议，收集质量数据、过程在项目中是否被执行的概况。

⑤ SQA 代表提供给项目经理和项目组是否符合质量要求的反馈信息，并将项目的质量问题提交给 SQA 经理。

⑥ 如果项目是给第三方的分包合同，则 SQA 代表评审分包商的活动，执行在项目 SQA 计划里为分包商定义的项目里程碑和阶段的评审。

⑦ SQA 代表在 SQA 偏差报告中纪录项目中出现的偏差。

⑧ 聘请咨询公司定期对 SQA 活动进行独立评审，结果报告给高级经理。

3）SQA 每周报告

SQA 代表每周给项目经理和 SQA 经理提交一份 SQA 报告，此报告必须包括以下要点：

① 本周的 SQA 评审/审计活动情况。

② 偏差状态。

③ 过程豁免状况。

④ 项目里程碑。

⑤ 对项目管理/开发活动的建议。

4）SQA 汇总报告

SQA 经理每两周给高级经理提交一份公司所有 SQA 活动的汇总报告，此报告必须包括以下要点：

① 每个项目的偏差状态。

② 每个项目的过程豁免和里程碑状态。

③ 每个项目的 SQA 资源状况。

④ SQA 对公司项目的整体评价。

5）量度

SQA 量度的目的是提供 SQA 日程状态、项目成本管理；SQA 小组应该定期向项目经理提交下列量度数据。

① SQA 评审和审计活动的工作量；

② SQA 评审和审计次数；

③ 偏差数量和在当前阶段时间内已解决的偏差数量。

8.2.2 SQA 偏差过程

SQA 偏差过程描述在软件活动及软件工作产品中识别的偏差被记录或文档化的过程。该过程应用于所有违反了适当的规范、标准、计划、流程或过程的软件活动和软件工作产品，应用于软件开发的整个生命周期，如图 8-2 所示。

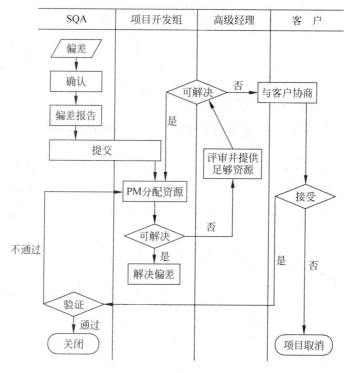

图 8-2 SQA 偏差

角色和职责如表 8-2 所示。

表 8-2 SQA 偏差过程的角色和职责

角 色	职 责
高级经理	处理在软件项目中无法解决的偏差
项目经理	评审 SQA 组报告的偏差，领导项目组解释并处理偏差，进行纠错活动，上报无法解决的偏差
SQA 代表	鉴别并纪录偏差，并向 SQA 经理、项目组提交偏差报告；跟踪偏差直到关闭
客户	协商解决公司无法解决的偏差

进入准则如下：

（1）要评审的过程活动被执行；

（2）要审计的工作产品可用；

（3）执行评审/审计活动所依赖的过程和标准可用；

（4）SQA 的评审/审计活动被执行；

（5）评审和审计结果被使用。

输入如下：

（1）项目计划；

（2）SQA 计划；

（3）工作产品；

（4）过程和标准；

（5）偏差。

执行过程如下：

（1）SQA 代表记录任何评审/审计结果中发现的偏差。

（2）偏差报告应被提交给 SQA 经理和项目经理。

（3）项目经理领导项目组解释并解决偏差，SQA 代表跟踪此过程。

（4）不能解决的偏差上报到高级经理。

（5）高级经理及时评估上报的偏差，并分配足够的资源以解决偏差。

（6）如果偏差确实无法解决，高级经理（或指派代表）有责任与客户进行协商。如果客户同意做某些修改，则偏差将被核实并关闭。如果客户不同意，则项目取消。

输出：SQA 偏差报告。

离开准则：偏差被报告并被跟踪一直到关闭。

第 9 章

软件文档配置管理

本章介绍软件配置管理的概念,它包括配置管理的 6 项基本活动,相关的工具软件。结合软件项目开发的实际情况,提出对软件项目资料进行配置管理的方案。

9.1 软件配置管理过程

软件项目在其执行过程会产生大量的工件,包括各种文档、程序和数据,所有这些工件都是易于改变的,这是软件一个独有的特点。例如,在软件项目执行过程中的任何时候,需求本身都可能会发生变更。为避免项目在变更时失控,正确控制和管理变更是很必要的。软件配置管理(Configuration Management,CM)是项目管理中专门用于系统地控制项目进行中发生变更的那些部分,由用来识别并控制软件产品修改的一系列活动构成。

软件配置管理的目的是建立和维护项目产品的完整性,文档作为软件的要素之一,也需要通过配置管理来维护文档的完整性,并使之与软件的变化同步。要实施软件配置管理,首先要对软件配置管理的概念和相关内容进行了解。配置管理实际上是项目管理的基础工作之一,它通过基线管理、配置项的识别和标识、配置项变更控制、配置审计、工作空间管理和配置状态报告 6 大基本活动来完成软件配置管理任务。本章将具体说明这 6 大主要活动的基本概念和相关的实现方法。另外,做好配置管理的一个必要条件是选择适合的自动化工具,软件配置管理人员只有对不同配置管理工具的功能和优缺点进行详细了解,才能选出适合的工具软件。

配置管理要满足的基本目标之一是向客户交付高质量的软件产品,提交的产品包括各种资源以及构成资源或目标代码的目标文件,还包括以这些文件来构建工作系统的脚本以及相关文档。在项目中,资源和文档通常以很多独立文件的方式来维护。

随着项目的进展,文件会发生改变,产生不同的版本。在这种情况下，即使将项目的各部分组合起来，构建成系统，也是很困难的任务。怎样保证合并的是源程序的正确版本以及没有遗漏任何源程序？还有，怎样保证传送的文档的版本是正确的，且该版本和最终交付的软件是一致的？对于这些要求，必须正确跟踪软件开发过程中的各种中间产品的版本以及软件产品的版本。没有这些信息，交付最终系统就成为繁重的任务。这个活动不是由开发过程完成的，而需要一个独立的过程，那就是配置管理过程。

9.1.1　软件配置管理出现的背景

软件开发过程是个复杂而又不断反复的过程，它容易使工程人员陷入困境，在软件开发过程中常常因为管理不善出现各种问题。

在一个软件开发项目中，会有大量的产品产生，典型的如代码、文档（包括技术文档、产品文档、管理文档）、数据、脚本、执行文件、安装文件、配置文件、甚至一些参数等，这些实际上都是软件项目资产。随着软件开发技术的不断更新、软件系统功能的日趋复杂，以及参与人员数量的大规模增加，上述产品的数量也急剧增加。由于这些软件项目产品都以信息的形式存放在计算机中，根据软件项目开发进展的需要，它们随时又会被修改或发生变化，产生新的软件产品，随之而来的是加剧了管理的复杂性。有效地管理这些产品以及理清它们之间的关系就成为一个十分棘手的问题。

另一方面，软件开发过程往往都是在变化中进行的。对软件开发项目而言，变化是持续的、永恒的，没有不变化的项目。需求会变，技术会变，系统架构会变，文档会变，代码会变，甚至连开发环境都会变，所有的变化最终都要反映到项目产品中。那么摆在面前的问题就是如何在受控的方式下引入变更，如何监控变更的执行，如何检验变更的结果，如何最终确认并固化变更，使变更具有追溯性，这些将直接影响开发项目的正常进行。

另外，软件项目最终的目标是根据用户的要求交付高质量又可运行的软件产品。在用户使用出现问题时，还要提供快捷优质的服务。维护人员要能及时弄清：软件产品为什么会出现这样的问题以及用户使用的是哪个版本，软件配置人员必须及时提供该产品的文档等原始资料。而且用户使用的软件产品可能是由上千个甚至更多的部件按照某种特定的规则编译在一起的，每个部件都有自己特定的生命周期，这样就产生了一系列部件的版本。由这些部件的不同版本所组成软件产品的最终版本也是各种规格、各种类型的。那么对这个数量多、可变性强的不同最终版本的管理也成了一个难题。

随着现代软件技术的发展，对于软件项目的需求日趋复杂且变更频繁。项目的开发模式已经由昔日的手工作坊式转变为规模化、团队式的开发。当开发团队发展到一定规模时，会越来越强调开发过程的规范化和成熟度。在软件项目组中，往往是许多人一起配合工作的，常常会出现这样的现象：每个团队成员工作在一个相对独立的环境中，并在工作进行时，不能影响和干扰该团队其他成员的工作和成果，但同时还要比较便捷地和其他成员进行配合。这种既独立又联系的关系，使得通常的管理手段显得有些力不从心。

综上所述不难看出，软件项目开发的成败在很大程度上取决于对其开发过程的控制，包括对质量、文档、源代码、进度、资金、人员等的控制。要进行有效的过程控制，仅仅依靠简单的方法是不够的，它需要软件项目管理的条理化、规范化、科学化。要解决这个问题，必须用一种较为先进的技术管理手段来保证软件产品的高质量，这就是软件配置管理（SCM）。

软件配置管理(SCM)是 CMM Level2 中的重要组成元素。软件配置管理通过技术及行政手段对软件产品及其开发过程和生命周期进行控制,并规范一系列措施和过程。它通过控制、记录、追踪软件产品的修改和修改生成的部件来实现对软件产品的管理。软件配置管理可以协调软件开发,有效地提高生产效率,还可避免软件开发过程中所出现的风险,及时应对越来越突出的挑战。

9.1.2　软件配置管理发展现状

软件配置管理并不是一个新的概念,早在 20 世纪 70 年代国外就已经提出变更和配置控制的理论,并在当时开发了配置管理工具:Change and Configuration Control(CCC),这是最早的配置管理工具之一。随着软件工程的发展,软件配置管理理论越来越成熟,在国外的软件企业中逐渐得到重视和普及。软件配置管理从最初的仅仅实现版本控制,发展到还能提供工作空间管理、并行开发支持、过程管理、权限控制、变更管理等一系列全面的管理能力。同时在软件配置管理的工具方面,也出现了大批的产品,如 ClearCase、CVS、Microsoft VSS、Hansky Firefly 等。

在国外已经有三十多年历史的软件配置管理,在国内却起步较晚。随着 CMM (Capability Maturity Model)的概念和理论的普及,配置管理作为 CMM 二级的一个关键过程域,其重要性逐渐被人们认同。目前国内已开始了对配置管理的研究并进行配置管理的实现,人们逐渐认识到配置管理已经不仅仅是对软件代码、文档的版本管理,而更多的是需求变更、缺陷管理等的一个整合体。它可以帮助开发团队对软件开发过程进行有效的变更控制,高效地开发高质量的软件。通过提出软件配置管理方案,建立适合软件企业的配置管理环境,使用相关配置管理工具,使软件配置管理能在软件企业得到执行,从而推动软件配置管理在软件企业的迅速发展。

软件系统的日益复杂化和用户需求的多样化,软件更新的频繁化,使软件配置管理逐渐成为软件生存周期中重要的控制过程,在软件开发管理中扮演越来越重要的角色。软件企业逐渐认识到在软件质量保证的诸多支持活动中,配置管理处在支持活动的中心位置,它有机地把其他支持活动结合起来,形成一个整体,相互影响,相互促进,有力地保证了产品的高质量。一个好的软件配置管理过程能覆盖软件开发和维护的各个方面。软件配置管理保证了软件开发过程的可预测性,软件系统的可重复性,从而大大提高软件企业的竞争力。

9.1.3　软件配置管理的目的

软件配置管理的目的是在项目开发过程中,识别不同的软件配置项,对软件配置项的更改进行系统地控制,从而保证软件配置项在整个软件生命周期中的完整性和可跟踪性。软件配置管理所管理的项目资料包括将要交付给客户的软件产品(例如软件文档、程序代码等),也包括那些生成这些项目软件产品的必需品(例如编译器)。

配置管理实际上是项目管理的基础工作之一。一方面软件配置管理是一个相对独立的管理活动,也就是说,配置管理活动可以不依赖其他的管理活动来开展。在很多企业中,配置管理完全可以在其他的管理活动没有开展时独立进行。另一方面,其他管理活动多数都要以完善的配置管理作为基础。例如需求管理中,无论需求变更的分析,还是需求变更的执行都是在配置管理的变更控制基础上进行的。其他的诸如项目计划管理、质量管理、项目跟踪管理、子合同管理等都是类似的情况。

实际经验证明,配置管理是诸多管理活动中最容易实现并且能在项目开发过程中最先体现出效果的管理手段。它的技术性较强,收效明显,是一种行之有效的管理方法。软件配置管理 6 大基本活动的完成,可保证以下能力的实现:并行开发支持、版本控制、产品发布管理、过程控制、变更请求管理和代码共享。

其中,文档配置管理过程需要达到以下目标:

(1) 能够随时给出文档的最新版本;

(2) 能够处理文档的更新/修改请求;

(3) 能够根据需要撤销文档的修改;

(4) 能够有效防止未授权的程序员对文档进行变更或删除;

(5) 能够有效地显示变更的情况。

9.1.4　软件配置管理的基本活动

软件配置管理的对象是软件研发活动中的全部开发资产,它们都应作为配置项纳入管理计划统一进行管理,从而能够保证及时地对所有软件开发资源进行维护和集成。软件配置管理有 6 大主要活动:配置项识别和标识、工作空间的管理、配置项变更控制、基线管理、配置状态的报告和配置审计。

软件配置管理(SCM)是贯穿于整个软件过程中的保护性活动。因为变化可能发生在任意时间,SCM 活动被设计来标记变化、控制变化、保证变化被适当地实现,以及向其他可能有兴趣的人员报告变化。

软件配置管理的主要目标是使改进变化可以更容易被适应,并减少当变化必须发生时所需花费的工作量。

软件配置管理(SCM)除了担负控制变化的责任之外,它还要担负标识单个的软件配置项(SCI)和软件各种版本、审查软件配置以保证开发得以正常进行,以及报告所有加在配置上的变化等任务。

关于 SCM 需要考虑的问题归结到 SCM 的 5 个任务,即标识、版本控制、修改控制、配置审计和配置报告。

1. 配置项的识别和标识

软件过程的输出信息可以分为三个主要类别:计算机程序(源代码和可执行程序),描述计算机程序的文档(针对技术开发者和用户),以及数据(包含在程序内部或外部),这些项在软件生产过程中组成软件产品。配置管理活动的基础是对这些软件产品进行配置项的识别。配置项识别的一般准则为:该配置项是软件系统的一部分,它可以被分开设计、编码和测试;该配置项是软件项目的核心,软件系统的安全性和它密切有关;配置项中包含和其他配置项相连的接口;配置项结合系统其他部分可安装在不同的操作平台。值得注意的是不一定要把所有的工作产品都看作配置项。有些工作产品,如状态报告,相当稳定,不容易变化,同时对最终产品发布没有直接影响,就可以考虑不作为配置项进行管理。

配置项标识包括标识软件系统的结构和标识独立的部件,使它们是可访问的。配置项标识的目的是保证标识的系统和各部件在整个生命周期可跟踪。为了控制和管理方便,所有配置项都应按照相关规定的模板统一编号。标识配置项时一般应注意以下3点:

(1)标识的配置对象有详细的说明。说明包括配置对象名字、描述、资源列表和实际存放位置这4个部分。

(2)要标识配置对象之间的关系。例如设计说明书、数据库模型、模块、原代码和测试方案分别是5个独立的配置项,它们之间的关系可用部分-整体的连线表示。一旦其中的一个配置项被修改,其他的配置项也要更改。

(3)结合软件系统的功能组成对其中的配置项进行逐级标识,从而区分不同的子系统、功能模块。在引入软件配置管理工具进行管理后,这些配置项都应以一定的目录结构存放在配置库中。

2. 工作空间的管理

利用软件配置管理工具可以使所有的开发人员把工作的成果存放到配置库中去,或者让开发人员直接在软件配置管理工具提供的环境之下工作。为了让开发个人和开发团队能更好地分工合作,同时又互不干扰,对工作空间的管理和维护也成为了软件配置管理的一个重要活动。

配置库的结构是工作空间活动的重要基础。一般常用的是两种组织形式:按配置项类型分类建库和按任务建库。按配置项的类型分类建库的方式适用于通用的应用软件开发组织,这样的组织使产品的继承性较强,工具比较统一,对并行开发有一定的需求,使用这样的库结构有利于对配置项统一管理和控制,同时也能提高编译和发布的效率。但由于这种库结构并不适合开发团队的多项开发任务同时进行,可能造成开发人员的工作目录结构过于复杂,带来一些不必要的麻烦。按任务建立相应的配置库方式则适用于专业软件的研发组织,在这样的组织内,使用的开发工具种类繁多,开发模式以线性发展为主,所以就没有必要把配置项严格地分类存储,人为增加目录的复杂性。特别是对于研发性的软件组织来说,还是采用这种设置比较方便灵活。

一般来说,比较理想的情况是把各个不同项目的配置库视为一个统一的工作空间,然后再根据需要把它划分为个人(私有)、团队(集成)和全组(公共)这三类分支,这样能更好地支持可能出现的并行开发的需求。每个开发人员按照各自任务的要求,在不同的开发阶段工作于不同的工作分支内。开发人员根据任务分工获得对相应配置项的操作许可之后,在自己的个人开发空间上工作,他的所有工作成果体现为在该个人开发空间中配置项版本的推进。除该开发人员外,其他人员均无权操作该个人开发空间中的配置项。开发团队拥有对工作的团队开发空间的读写权限,而其他开发团队的成员只有读权限。至于公共工作空间,则用于统一存放开发团队的阶段性工作成果,它提供全组统一的标准产品版本,是整个团队开发软件项目过程中所有资料的集合。

配置库的日常工作是保证配置库的安全性,它包括:①对配置库定期完整的备份,良好规划的备份和灾难恢复过程是必不可少的,这样不会给项目的进行留下严重的隐患。

②清除无用的文件和版本。③检测并改进配置库的性能等。

3. 变更控制

变更控制是在软件生命周期中控制配置项的变更,目的是确保软件产品的高质量。将标识的配置项置于存储库中以后,需要建立对于这些配置项的修改控制机制以及审计机制。库里的配置项不是谁想修改就可以修改的,控制机制必须保证只有拿到授权的人员才能对相关配置项进行修改,而审计机制则保证修改的动作被完整地记录,也就是说要清楚谁修改了这个配置项,什么时候做的修改,因什么原因改动,以及修改了哪些地方(Who、When、Why、What)这些问题。审计机制通常通过"检出/检入"(Check out/Check in)模式得到实现,在这种模式下,配置项一旦入库,就只有读权限,如果要对该项进行修改,则需要通过"检出"这个步骤。在修改结束以后,如果希望将修改的成果入库,则需要通过"检入"这个步骤。在经过一次"检出/检入"步骤以后,会形成该配置项新的版本,这个过程也称为版本控制,通过审计机制可以保存一个配置项完整的变更过程。

4. 基线管理

一个软件产品通常是由成百上千个配置项构成的,每个配置项在变更过程中都会形成一系列的版本,如何确认系统在某个时刻分别由哪些配置项的哪些版本构成呢?为解决这个问题先要认识了解基线。基线是已经通过正式评审和批准的某规约或产品,它因此可以作为进一步开发的基础,并且只能通过正式的变更控制过程进行改变。简单地说,基线就是项目配置库中每个配置项在特定时期的版本,它提供一个正式标准,随后的工作基于这个标准进行,并且只有经过授权后才能变更这个标准。建立一个初始基线后,以后每次对它进行的变更都将记录为一个差值,直到建成下一个基线。一般软件开发过程的各个阶段中都会形成一个基线,它标志该开发阶段的结束。

建立基线管理有下列作用:

(1) 重现能力。它帮助软件系统重新生成之前已发布的版本。

(2) 追踪性。建立项目中各种类型配置项在需求、设计、实现、测试等各阶段之间的横向依赖关系,其目的在于确保设计满足需求,代码按设计实施,并且使用正确的代码编译器生成可执行文件。

(3) 报告能力。通过一个基线内容和另一个基线内容的比较,有助于程序调试并生成产品版本发布说明。

5. 状态报告

配置状态报告用于跟踪软件的改变,它包括记录和报告变更过程,目的是不间断记录所有基线项的状态和历史,并维护该基线,它解决了系统已经做了什么变更,此变更将会对多少个文件产生影响等问题。配置状态报告的主要内容应该包括下面几方面:配置库结构和相关说明,起始基线的构成,当前基线位置及状态,各基线配置项集成和分支的情况,个人开发空间类型的分布情况,关键元素的版本演进,其他要报告的事项等。配置状态报告从软件产品的需求报告被确定为开发基线开始,该活动贯穿于软件开发的整个生命周期,详细的配置状态报告会为配置审计过程提供有用的重要信息。

6. 配置审核

配置审核包括两方面的内容：配置管理活动审核和基线审核。配置管理活动审核用于确保项目组成员的所有配置管理活动都遵循已批准的软件配置管理方针和规程，验证所有的软件产品已经产生并有正确标识和描述；所有的需求变更都已解决。尤其在变更发生时，要检查所有受影响的配置项是否都做了相应的变更。基线审核则保证了基线化软件产品的完整性和一致性，并且满足了设计功能要求。基线的完整性可从以下几个方面考虑：基线库是否包括所有计划纳入的配置项？基线库中配置项自身的内容是否完整？例如对于代码，要根据代码清单检查是否所有源文件都已存在于基线库。同时，还要编译所有的代码源文件，检查是否可产生最终产品。基线的一致性主要考察需求与设计、设计与实现的一致关系，这样才能保证产生的最终产品的构造符合要求。审核发现的不符合项要进行之间记录，跟踪直到问题解决为止。

配置审核的主要作用是作为变更控制的补充手段，来确保某一变更需求已切实实现。在某些情况下，它可作为正式的技术复审的一部分。在实际操作过程中，一般认为审核是一种事后活动，很容易被忽视。如果在项目初期审核时就发现问题，对项目后期工作就有指导和参考的价值。

9.2 配置管理过程规范

配置管理过程包括两个主要阶段：配置管理计划、实施配置管理。

9.2.1 配置管理计划

参与人员：项目经理、配置管理团队；

入口准则：软件需求规格说明书已经确认；

出口准则：完成项目配置管理计划；

输入：软件需求规格说明书；

输出：配置管理计划。

活动：

(1) 识别配置项，配置项的典型例子包括需求规格、设计文档、源代码、测试计划、测试脚本、测试规程、测试数据、项目使用的编码规范、用户接口规范、验收报告等；

(2) 定义为配置项命名和编号的计划。如果使用 CM 工具，那么有时由工具处理版本编号，否则，在项目中必须明确地进行版本编号；

(3) 定义 CM 所需的目录结构；

(4) 定义访问控制；

(5) 定义变更控制规程；

(6) 确定 CM 工作人员的责任和权利；

（7）定义跟踪配置项状态的方法；

（8）定义备份制度；

（9）定义发布制度；

（10）确定将配置项转移到基线的原则。

9.2.2　实施配置管理

参与人员：项目经理、配置管理团队、项目开发组成员；

入口准则：软件配置管理计划已批准，项目开始；

出口准则：项目结束；

输入：软件配置管理计划。

活动：

（1）接受变更请求；

（2）Check out 需要变更、修改的配置项，并进行修改；

（3）Check in 变更、修改过的配置项。

9.3　配置管理工具

软件配置管理过程繁杂，管理对象众多，如果是采用人工的办法不仅费时费力，还容易出错，产生大量的废品让企业遭受损失。因此，引入一些自动化工具是十分有益的，这也是做好配置管理的必要条件。

1. 自动化配置管理工具

随着软件配置管理的普遍应用，大量的自动化配置管理工具出现。早期的 CCC、SCCS、RCS 软件对配置管理工具的发展做出了重大的贡献，现在绝大多数配置管理工具基本上都源于它们的设计思想和架构。Rational ClearCase 软件深受用户的喜爱，是现在应用最广的企业级、跨平台的配置管理工具之一。ClearCase 软件提供了比较全面的配置管理支持，其中包括版本控制、工作空间管理等功能，开发人员无需因它而改变现有的环境、工具和工作方式。Hansky Firefly 软件可以轻松管理、维护整个企业的软件资产，包括程序代码和相关文档，它是一个功能完善、运行速度快的软件配置管理系统，可以支持不同的操作系统和多种集成开发环境，因此它能在整个企业中的不同团队，不同项目中得以应用。软件 CVS 由于其简单易用、功能强大、跨平台、支持并发版本控制，在全球中小型软件企业中得到了广泛使用。Merant PVCS 也是当今优秀的软件开发管理解决方案，它通过对软件开发过程中产生的变更进行追踪、组织、管理和控制，建立规范化的软件开发环境，它已成为众多软件公司软件开发的基础支撑平台之一。Microsoft Visual Source Safe 提供对软件配置管理的基本支持，能够基本满足小型项目开发的配置管理需求。VSS 的优点在于易于操作、使用简单，它包含了配置管理需要的全部操作，该操作都可以通过图形按钮完成，其次是 VSS 和开发环境集成紧密，可与 Visual Studio 实现无缝集成。VSS 对硬件配置要求不高，备份和恢复非常简单，只需要通过拷贝及覆盖就能完成 VSS 的备份和恢复工作。

2. 配置管理工具的功能

大多数配置管理工具能够提供以下功能：

1）配置支持

通过配置管理工具支持用户建立配置项之间的各种关系，并对这些关系加以维护。维护这些关系有助于完成发布任务和标识某一变化对整个系统开发的影响。

2）变更管理

配置管理工具提供有效的问题跟踪和系统变更请求管理功能，通过对软件生命周期各阶段出现的问题和变更进行跟踪记录，来支持团队成员对要修改的配置项提出报告、获取和跟踪与软件变更相关的问题，以此了解谁改变了什么，为什么改变。变更管理有效地支持了不同开发人员之间，以及客户和开发人员之间的交流，避免了无序和各自为政的混乱状态。

3）版本控制

配置管理工具记录项目和文件的修改轨迹，跟踪修改信息，使软件开发工作以基线渐进方式完成，从而避免了软件开发不受控制的局面，使开发状态变得有序。它可以对同一文件的不同版本进行差异比较，可以恢复个别文件或整个项目的早期版本，使用户方便地得到升级和维护所必需的程序和文档。配置管理工具采用版本号、标签和时间戳的标识手段，能方便地为用户提供版本标识。

4）报告

为保证项目按时完成，项目经理必须监控开发进程并对发生的问题迅速做出反应。报告功能使项目经理能够随时了解项目进展情况，通过图形化的报告，开发的瓶颈可以一目了然地被发现。标准的报告提供常用的项目信息，报告功能保证了开发人员获取适合自己要求的信息。

5）并行开发支持

在团队协作开发过程中，有两种主要的模式：集体代码模式和个体代码模式。采用集体代码模式进行开发时，一段代码可能同时会被多个开发人员同时修改。而采用个体代码模式进行开发时，每一段代码都始终被一个开发人员独享，别人需要修改时也要通过该开发人员完成。配置管理工具提供了同时支持这两种工作模式的功能。

6）异地开发支持

如果开发团队分布在不同的开发地点，就需要对工具的异地开发功能进行仔细的评估。大多数工具都提供基于 Web 的界面，用户可以通过浏览器执行配置管理的相关操作，有些工具就用这样的方法来实现对异地开发的支持。

7）跨平台开发支持

在项目需要从事多个不同平台下的开发工作时，就需要配置管理工具对跨平台开发提供支持，否则势必会给开发、测试、发布等各个环节带来不便，大量的时间就浪费在代码的上传和下载中。

8）与开发工具的集成性

配置管理工具与开发工具是编码过程中最常用到的两种工具，因此它们之间的集成性直接影响到开发人员工作的便利性。如果无法良好地集成,开发人员将不可避免地在配置管理工具与开发工具之间来回切换。

9)管理项目的整个生命周期

从开发、测试、发布到维护,配置管理工具的功能将要始于项目开发之初,终于产品淘汰之时。配置管理工具应预先提供典型的开发模式的模板,以减少用户的工作量;另一方面,也应支持用户自定义生命周期模式,以适应特殊开发需要。

9.4　软件文档的配置管理方案

一般情况下,软件企业会同时开发多个项目,各个开发项目所涉及的人员不同,项目规模有大有小,项目所使用的开发工具和编程语言各不相同,不同项目小组的开发进度和所处阶段各不相同,软件企业和开发团队对软件配置管理都存在迫切需要。同时,开发人员对软件配置管理的认知与经验、对配置管理工具的熟悉程度也不尽相同,在分析一般中小软件项目开发的特点和实际情况后,参考相关配置管理实践,给出对软件项目资料进行配置管理的一个具体实现方案。方案包括:配置管理工具的选择、配置管理环境的设置、配置管理机制的组成和建立、配置管理活动的实施流程。软件配置管理基本活动包括:基线管理、配置项识别和标识、工作空间的管理、配置项变更控制、状态报告和配置审核相关规范的制定,并详细介绍了应用VSS配置管理工具实施本方案的过程。

9.4.1　软件配置管理环境的设置

1. 配置管理工具的选择

选择配置管理工具时,要全面考虑开发工具、开发方式和开发人员对配置管理工具的熟悉程度。因为开发人员对配置管理工具的熟悉程度越高就越能保证配置管理工作正常进行。同时,选择一个和开发环境集成紧密的配置管理工具可以减少配置管理人员维护配置库完整的工作量。根据一般中小软件项目开发的状况,推荐选用 Visual Source Safe 软件,它是微软公司开发的一个小型的配置管理工具,也可以说是一个小型的版本控制软件。

2. 配置管理环境的设置

配置管理环境包括软硬件环境,具体的资源需求应该根据项目实际情况来确定。搭建配置管理环境需要考虑的因素包括网络环境、配置管理服务器的处理能力、空间需求、已选择的配置管理软件等。根据经验,一个项目的配置库大小约为 3GB,考虑到备份等操作对空间的需求,至少应该为配置管理库保留 10GB 以上的空间。同时要考虑到在项目的后期有部分开发人员会在现场进行开发,因此在网络条件上需要提供对远程访问方式的支持。配置管理服务器最好选择一台闲置的 PC。

(1)一般软件企业网络环境的构成:公司已有现成的 100Mb/s/1000Mb/s 局域网,通过一个交换机和路由器连接至 Internet。如果开发团队都在一个地方,配置管理服务器是内网的一台机器,具有一个内网 IP;如果开发团队在不同地理位置,需要共享配置管理服务器,配置管理服务器应有一个公网的静态 IP。

（2）系统结构采用 C/S 模式,服务器对前端机分配明确的权限。前端机根据被分配权限的大小,对服务器中的数据进行使用和操作。

（3）配置管理员通过前端机对服务器进行管理。

（4）在软件企业内部的开发项目组可通过局域网访问和操作由 VSS 建立的配置库。在异地开发的项目组可通过 Internet 接入对配置库进行访问和操作。

9.4.2　软件配置管理机制的组成和建立

保证软件配置管理活动正常运转的前提条件就是要组建软件配置小组,它负责完成配置管理过程中的工作,包括:了解本组织现有开发和管理状况、选择配置管理工具、制定配置管理规范、安排项目配置管理的实施、沟通部门间的关系、获得项目管理者支持和开发人员认可。软件配置小组成员按照不同的角色要求,根据系统赋予的权限来执行相应的动作,其配置管理活动应包括 4 个视角层次:公司级、项目级、程序员级和应用级。从公司的角度要求提供软件配置管理机制的组成全貌图和软件配置管理活动的实施流程,从项目的角度要求各自的项目组根据小组的开发情况使用所需的配置管理方案,从程序员的角度要求专门为程序员提供某些特定的配置管理功能,从应用的角度则是关注配置管理如何应用到具体的问题中去。软件配置管理机制中人员划分和职责要求如下:

（1）配置控制委员会（Configuration Control Board,CCB）。

配置控制委员会负责指导和控制配置管理的各项具体活动的进行,为项目经理的决策提供建议,其具体职责为以下几项:定制访问控制、制定常用策略、建立和更改基线的设置、审核变更申请、根据配置管理员的报告决定相应的对策。

（2）配置管理员（Configuration Management Officer,CMO）。

配置管理员根据配置管理计划执行各项管理任务,定期向 CCB 提交配置状态报告,参加 CCB 的例会,负责配置管理工具的日常管理与维护,提交配置管理计划,进行各配置项的管理与维护,执行版本控制和变更控制方案,完成配置审计,对开发人员进行相关的培训,找出软件开发过程中存在的问题并拟定解决方案。

（3）项目经理（Project Manager,PM）。

项目经理是整个软件项目研发活动的负责人,他根据软件配置控制委员会的建议批准配置管理的各项活动并控制它们的进行,他的职责是制定和修改项目的组织结构和配置管理策略,批准、发布配置管理计划,决定项目起始基线和开发里程碑,接受并审阅配置控制委员会的报告。

（4）系统集成员（System Integration Officer,SIO）。

系统集成员负责生成和管理项目的内部和外部发布版本,具体的工作是:集成、修改、构建软件系统,完成对版本的日常维护,建立外部发布版本。

（5）开发人员（Developer）。

开发人员的职责就是根据组织内确定的软件配置管理计划和相关规定完成配置管理活动。他们按项目经理发布的开发策略或模型进行开发工作。

9.4.3　软件配置管理活动的实施流程

软件配置管理人员在项目开发阶段的具体工作和流程如下。

1. 软件开发初期的准备阶段

在软件开发初期的准备阶段,项目经理要了解该软件产品的特点,分析开发项目的可行性,估算该项目的规模大小,衡量需投入人力与资金等。项目经理还需制订适合该项目的计划、开发模式和策略。这些都是项目研发工作的基础,也是软件配置管理活动展开的基础。

配置管理活动之初要对软件开发组织的整个情况进行详细了解。软件开发组织的调查评估工作由 CCB 领导,CMO 和项目经理参与完成。项目经理主要是进行协调工作,使配置管理员顺利对相关部门人员展开深入调查,获得较全面的数据。对软件开发组织的调查评估包括 4 个方面:人员、技术、工作流程和现有项目。人员评估要了解开发人员对配置管理过程的评价,采用工具是否实用,制定规范是否合理,员工素质,员工之间的沟通是否通畅,同时还会预测配置管理过程的工作难点或可能遇到的阻力。技术评估要了解项目组可用的计算机资源,开发的软硬件平台,是否存在资源瓶颈,现用开发工具、网络环境和编程语言。工作流程评估调查方面包括现有流程的成熟性、适应性和执行情况,现有流程是否能提高自动化程度,现有开发模式对软件开发各阶段是否有严格的规范,项目开发中质量控制信息收集后是否合理使用。项目评估包括项目的规模和项目开发花费资源等内容。

配置管理委员会根据项目的开发计划确定各个里程碑和开发策略。配置管理员根据配置管理委员会的规划,制订详细的配置管理计划。如果不在项目之初制订软件配置管理计划,那么软件配置管理的许多关键活动就无法及时有效地进行,而它的直接后果就是造成项目开发的混乱,并注定软件配置管理活动成为一种救火的行为,及时制订一份软件配置管理计划在一定程度上是项目成功的重要保证。在软件配置管理计划中,CMO 根据实际经验,详细地描述配置管理环境的设置和配置工具软件的选择、软件配置管理机制的组成和建立、软件配置管理活动的实施流程、软件配置管理基本活动相关规范的制定。配置管理计划交 CCB 审核,CCB 审查配置管理计划是否满足需求,被通过审核的配置管理计划会交项目经理认可,并发布实施。

2. 软件开发维护阶段

在这一阶段中,软件配置管理主要分为三个方面的活动:①配置管理员完成配置管理基本活动。②开发人员具体执行相关规定的配置管理任务。③配置管理员和开发人员进行变更流程管理。这三个活动是既独立又互相联系的有机的整体。

软件配置管理的流程是:①配置管理委员会设定研发活动的初始基线。②CMO 根据软件配置管理规划设立配置库和工作空间,并定期进行工作空间的管理活动如备份和清理工作。同时要进行基线管理,对配置项识别和标识。③开发人员按照统一的软件配置管理策略,建立个人工作空间,并根据获得的授权资源进行项目的研发工作。④系统集成员按照项目的进度将各个开发人员的工作成果归并至集成工作空间,通过集成开发人员的工作推进集成产品版本的演进,通过集成工作成果准备进行软件系统测试。⑤产品经过系统测试,它的相关文档资料放入配置管理工作空间。CMO 再次进行基线管理,检查配置项的标识,对配置项进行变更控制和版本管理等任务。⑥配置管理员根据项目的进展情况,审核各种变更请求,并适时划定新的基线,保证开发和维护工作的有序进行。特别值得注意的是在基线生效后,一切对基线和基线之前的开发成果的变更必须经 CCB 的批准。⑦系统集成员集成的产品最后会归并至版本发布工作空间,产品必须由 CCB 批准后才能进行发布。这个流程是循环往复的,直到项目的结束。

在上述的核心过程之外,还涉及其他一些相关的活动和操作流程,如

1)配置报告的提交和审计

CMO 定期向项目经理和 CCB 提交审计的报告,并在 CCB 例会中报告项目在软件过程中可能存在的问题和提出改进方案。

2)举行配置会议

CCB 定期举行配置会议,根据成员所掌握的情况,CMO 的报告和开发人员的请求,对配置管理计划做出修改,并向项目经理通报。

9.4.4 软件配置管理基本任务的相关规范

1. 配置项的管理

配置管理员在软件开发的各个不同阶段,都要选择配置项。配置项是配置管理的最小单位,它一般由一个或多个文件组成,对配置项识别是以员工阶段性的工作产品作为基础来划分的。软件组织可以根据不同的原则选择配置项,例如针对软件配置管理属于起步阶段、缺乏软件配置管理经验、员工对配置管理理论知之甚少的情况,可把项目的配置项分为两类:①软件源类:源代码、HTML、GIF、HTML 模板、修改数据库对象的脚本、COM/DCOM/ActiveX 组件。②文档类:需求规格说明书、系统概要设计文档、系统详细设计文档、软件测试计划、软件版本发布注释、项目开发计划、评审记录、测试文档和软件配置管理计划等。

选择配置项后就要对其给出适当的标识方案,它保证配置项识别的唯一性,并保证可以显示软件演进的层次结构,标识方案的具体规定可参见附录 E.1 的软件配置管理规范。在软件配置管理规范中,软件源类资料和文档类资料的命名,以及版本编号的规定是根据标准的技术文档命名规范,并考虑到企业一般采用多个项目同时开发的情况来设计的。该规范的命名可使不同的项目区分开来,使处于开发不同阶段的软件资料更完善,资料的变化清晰可见。配置管理员需要定期汇报配置库中配置项的内容。配置库目录结构的合理设计,可使配置项一目了然,方便配置管理员登记。

在确定配置管理库目录结构的时候可按照产品类型划分,总共划分为 5 个层次:第一层配置项分为管理类和产品类。第二层管理类包括项目管理、软件质量管理、软件配置管理这些管理活动所产生的软件资料;产品类按照需求—设计—实现—测试 4 个阶段划分,产品类主要记录这 4 个阶段产生的软件资料。第三层中管理类的项目管理活动是按照初始—计划—执行—收尾 4 个阶段再次划分的,软件质量管理、软件配置管理这些管理活动也按同一原理来再次划分,这样一来,管理类软件资料的记录会因为详细的分类更加清晰;在产品

类中,需求可划分为业务需求、用户需求、软件需求和需求追踪,设计可划分为架构设计、概要设计和详细设计,测试可划分为集成测试和系统测试,实现则按主要模块划分。第四层,按照上面详细的分类来记录软件资料。注意在产品类中,实现阶段为每个模块又划分了概要设计、详细设计、代码和单元测试4个目录。选择这种划分方式便于进行权限的分配和将同一模块的所有内容组织起来进行版本的管理。第五层重点说明各个配置项存储的具体工作空间。详见附录 E.1。

2. 文档工作空间的管理

1) 工作空间的划分

建立配置库,存放软件配置项。配置管理活动的重要基础是决定配置库的结构,可以按任务建立相应的配置库,这对于使用的开发工具种类繁多,开发模式以线性发展为主的情况,能避免人为增加存储的复杂性。一般来说,按开发小组任务建立配置库,就可以把不同的项目区分开来。接下来把开发小组成员的工作空间划分出来,可使小组成员按自己的不同任务工作在不同的工作空间。整个配置库划分为个人(私有)、团队(集成)和全组(公共)这三类工作空间,这样就可更好地支持可能出现的并行开发要求。一般在一个项目开发中要涉及配置控制委员会、配置管理员、项目经理、系统集成员和开发人员。因此把一个项目配置库视为一个统一的工作空间,然后把它划分为5个目录,如个人工作目录、系统集成工作目录、配置管理工作目录、产品发布工作目录和软件产品存档工作目录。

2) 工作空间的管理

开发团队成员需要在开发项目上并发地工作,这样可以大大提高软件开发的效率。例如,用 VSS 软件配置管理工具建成的工作目录可为并行开发提供了个人独立的工作空间,开发人员能够将所有必要的集成工作空间中的项目文件拷贝到个人工作空间来,修改是在这些副本上进行的。一旦对修改感到满意,就可以迅速将修改后的文件合并到集成工作空间的项目主线上去。当然,如果集成工作空间的文件只能由系统集成人员修改,他只需将修改过的文件直接签入主项目中即可。并发和共享是同一事物的不同方面,当并发的个人工作空间共享集成工作空间同一主项目文件时,有必要让所有团队成员得知项目的当前状态。VSS 提供刷新操作功能,某位团队成员完成主项目中他负责的部分文件修改后,再放入集成工作空间,其他团队成员在自己工作空间的图形用户界面上刷新,会发现被修改的文件。配制库工作空间划分如图 9-1 所示。

VSS 中安全性控制是通过制定用户访问权限来实现的。每个项目工作空间仅能被那些具有相应权限的用户访问到,每个命令仅能被那些具有相应权限的用户使用。安装 VSS 后,缺省安全设置就会启用。缺省安全设置很简单,只有两种级别的访问权限可供选择。只读权限(Read-only rights):用户可以查看 VSS 中的任何内容,但不能更改。可读写权限(Read/write rights):用户可以查看和修改 VSS 中的任何内容。

在实际过程中,需要更细化的权限分配,甚至希望每个项目工作空间内的不同文件针对用户都能设置不同的权限,可以通过 VSS Administrator 来定制权限,以达到更高级别的安全控制。VSS 定义了四级用户访问权限,级别由低到高,后者包括所有前者的权限。只读(R)用户拥有 Check out 权限,也将同时拥有 Read 权限。Check out (C)用户可以使用

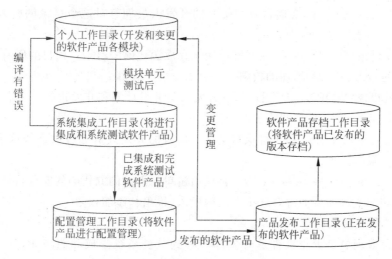

图 9-1 配置库工作空间的划分

Check out/Check in/Undo Check out 等命令对文件进行修改。Add（A）用户可以使用 Add/Delete/Label/Rename 等命令对文件进行修改。Destroy（D）用户可以使用 Destroy/ Purge/Rollback 等命令对文件实施永久性删除操作。

VSS 软件配置管理工具可为每个软件项目的开发划分以下 5 个工作空间，不同开发人员对每个工作空间权限的设置各不相同。开发目录：开发人员对自己的目录有读/写访问权限。系统集成目录：所有的开发人员、配置管理员、项目负责人和系统集成员有读/写访问权限。产品发布目录：只有配置管理员和项目负责人有读/写访问权限。配置管理目录：配置管理员有读/写访问权限，开发者只有读访问权限。软件产品存档目录：只有配置管理员和项目负责人有读/写访问权限。

（1）开发目录。

开发目录如图 9-2 所示。

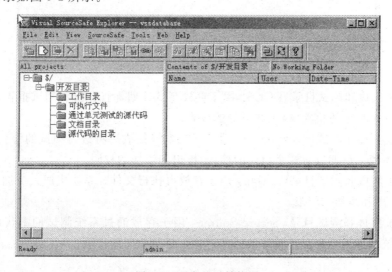

图 9-2 开发目录结构图

①\开发目录\DOCS：文档目录。所有的开发人员拥有对这个目录的检入、检出和添加的权限。

②\开发目录\DvlpSource：在开发中用于存放源代码的目录。项目的所有开发者拥有对这个目录的检入、检出和添加的权限。

③\开发目录\WORK：工作目录，各开发人员开发计划和开发报告。所有的开发人员拥有对这个目录的检入、检出和添加的权限。

④\开发目录\cgi-bin：用于可执行文件。所有的开发人员拥有对这个目录的检入、检出和添加的权限。

⑤\开发目录\Secure Source：用于存放通过单元测试的源代码的安全目录。只有项目的开发人员和配置管理员拥有对这个目录的检入、检出和添加权限。

（2）系统集成测试目录。

软件配置管理员负责将文件从开发库转移到软件系统集成和测试库，如图 9-3 所示。根据在项目计划中描述的测试规程完成测试，并提交给项目经理一份缺陷报告。测试人员一旦在测试中发现问题，测试文件会从软件系统集成和测试库转移回到开发库。

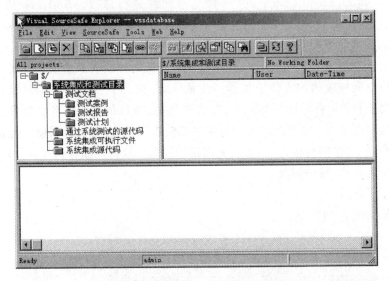

图 9-3　系统集成和测试目录结构图

①\系统集成和测试目录\DOCS：用于存放测试计划，测试案例，测试报告目录。测试人员拥有对这个目录的检入、检出和添加的权限。

②\系统集成和测试目录\Source：用于存放系统集成后将进行测试的源代码的目录。项目的系统集成人员拥有对这个目录的检入、检出和添加的权限。

③\系统集成和测试目录\cgi-bin：用于存放可执行文件。系统集成人员拥有对这个目录的检入、检出和添加的权限。

④\系统集成和测试目录\Secure Source：用于存放通过系统测试的源代码的安全目录。只有系统集成人员和配置管理员拥有对这个目录添加的权限。

（3）配置管理目录。

经过开发和测试后，配置管理员将软件项目相关的配置项放入配置管理工作目录中进行分类整理。配置项可分为两类，即基线和非基线配置项，如图 9-4 所示。

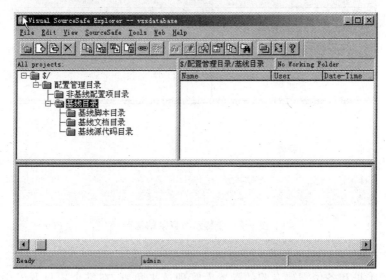

图 9-4 配置管理目录结构图

① \配置管理目录\NO BASELINE：非基线配置项目录。配置管理人员拥有对这个目录的检入、检出和添加的权限。

② \配置管理目录\BASELINE：用于存放基线目录。项目的配置管理人员拥有对这个目录的检入、检出和添加的权限。

在\配置管理目录\BASELINE 基线目录中细分如下。

- \BASELINE\DOCS：用于存放基线文档目录。
- \BASELINE\SOURCE：用于存放基线源代码目录。
- \BASELINE\SCRIPT：用于存放基线脚本目录。

（4）产品发布目录。

经过开发和测试后，项目经理对每个发布产品版本制作一个发布注释，并且将准备发布的程序和文档转移到产品发布目录，如图 9-5 所示。

① \产品发布\DOCS：文档目录。项目负责人、配置管理员拥有对这个目录的检入、检出和添加的权限。

② \产品发布\Source：用于存放发布产品源代码的目录。项目负责人、配置管理员拥有对这个目录的检入、检出和添加的权限。

③ \产品发布\cgi-bin：用于存放将发布的软件产品可执行程序。项目负责人、配置管理员拥有对这个目录的检入、检出和添加的权限。

（5）软件产品存档目录。

软件产品存档主要存放已经开发完成的软件不同版本的产品，该目录只有配置管理员和项目负责人有读/写访问权限。软件产品存档目录的结构较为简单，建议可按不同版本号

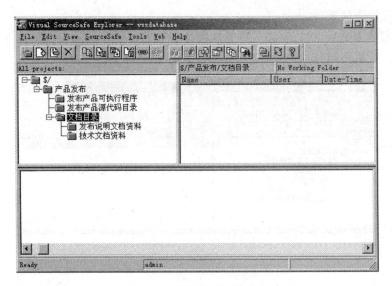

图 9-5　产品发布目录结构图

来存放软件产品。

　　配置库的维护和备份需要专职的配置库管理员来负责,在整个项目开发中采用的配置库维护策略包括以下几点:

　　① 保持配置数据库的大小在合适范围内,太大的数据库会影响 VSS 的效率。

　　② 每周进行 VSS 数据库的分析,发现问题及时修正。VSS 提供了数据库的分析和修复工具,不合理删除等操作会导致 VSS 数据库出现问题。通过定期(如每周)的分析工作,可以减少数据库出现问题的风险。

　　③ 每日进行配置库的增量备份,每周进行数据库的完全备份。VSS 库的备份任务可以通过归档功能或者是操作系统的备份程序来完成。归档功能对 VSS 中的文件数据进行压缩并保留 VSS 的所有状态,它只能对 VSS 库进行完全备份,不能实现增量备份。Windows 系统提供对文件进行备份的程序,由于 VSS 库就是以文件形式存在的,可专门针对 VSS 的数据目录进行备份,使用系统备份程序的好处是可以实现增量备份,如每周五生成 VSS 数据目录的完全备份,每天完成数据增量备份,备份的数据存放在文件服务器上。

3. 实现基线管理

　　现在通常是迭代化开发,根据需求分析、架构设计、概要设计、详细设计、代码实现、软件集成和系统测试各个开发阶段所完成的活动,在每个阶段完成后,建立基线所需做的工作。当软件产品的开发以同一模式进行时,基线可重复使用。基线的内容在建立和修改后,都要审查和文档化。

　　软件需求分析阶段:项目的需求经过分析已写成需求报告,软件测试计划依据需求报告进行编写,项目中建立风险管理机制,详细的软件开发方式和软件过程规范已经确定并开始执行。基线内容应包括:软件需求规格说明书、接口需求报告、软件开发计划、软件配置管理计划、质量保证计划和系统规格说明书。

软件设计阶段：架构设计主要对软件系统进行整体设计，按照需求确定系统的多个结构。概要设计：根据各个结构，对系统的模块和接口完成设计。详细设计：对每个模块的具体算法、流程和数据结构进行设计，修改软件测试计划，安排测试活动和人员。该阶段结束后，基线内容可包括：软件架构设计说明书、软件概要设计说明书、测试规格说明书、软件测试计划和软件详细设计规格说明书。根据项目的规模和复杂度，还可包括：数据设计描述、结构设计描述、模块设计描述、界面设计描述等。

软件代码实现阶段：软件产品已编码实现，软件的单元测试开始进行。经过测试后的软件模块编码，将提交放入软件配置库，进行软件配置控制。该阶段结束后得到的基线内容包括：源代码清单、代码相关文档、测试用例、测试报告和系统数据库（数据模型和文件结构）。

软件集成和系统测试阶段：软件系统模块进行集成，系统测试活动开始执行。软件经过修改完善后，软件配置管理开始进行配置项的版本管理，再把集成的软件产品放入软件配置库。该阶段结束后得到的基线内容包括：通过测试的可执行程序、软件开发相关文档、软件产品版本、操作手册和安装手册、维护文档（软件问题报告单、维护申请单、预计变动的顺序）。

以上各阶段产生的基线内容按照基线管理流程审查后才能确定：

（1）配置管理员填写并提交基线申请，启动一个基线化过程。该基线申请主要对基线化的内容进行详细描述。

（2）配置管理员组织基线化评审。配置管理员搜集、整理资料，并把填写的过程审计校验表和配置库的审计报告等提交给 CCB 主审人进行基线评审。

（3）CCB 评审。CCB 进行评审并填写评审结论，然后提交配置管理员完成基线化过程。如果评审没有通过，可返回提交人。经过修改后，再次提交基线申请。

（4）配置管理员完成基线化过程。配置管理员需填写归档说明，并向项目开发人员发布基线状态报告。

4. 配置项的变更管理

变更管理是配置管理的一部分，它用于控制变更和跟踪变更的过程。配制库里的配置项经常被修改，良好的控制策略必须保证只有拿到授权的人员才能对相关配置项进行修改，而审计策略则完整地记录修改的动作。变更控制机制就是结合制定的规程和自动化工具来完成的，人们所说的配置项变更管理主要是针对配置项发生变化的控制。

1）变更管理流程设计

配置项的变更管理应制定变更管理流程。变更请求是变更活动的源头，如果从一开始缺乏对于变更请求的有效管理能力，纷至沓来的变更就会成为开发团队的噩梦。实施有效的变更控制管理有以下好处：提高软件产品质量，提升开发团队沟通效率，帮助项目管理人员对产品状态进行客观的评估。图 9-6 给出了一个配置项变更控制流程，具体过程如下：

① 提出变更请求。

② 开发者评估并产生修改报告，提交给修改控制机构和 CCB 审核并决定是否批准。

③ 变更请求接受后，将欲修改配置项分配给开发人员。

④ 从配置库中提取配置项,进行修改。

⑤ 对修改的配置项复审变化后再次提交进入配置库。

⑥ 重新建立基线并测试。

⑦ 构造一个软件的新版本。

⑧ 复审(审计)所有配置项的变化。

⑨ 发布新版本。

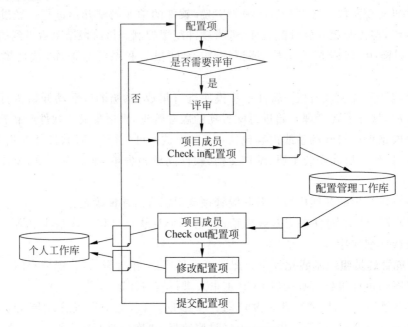

图 9-6　配置项变更控制流程

该配置项变更控制流程设计直观简洁,要说明的是变更控制流程中软件修改报告的设计要保证在每次变更时详细回答谁修改了这个配置项、什么原因做出这个改动、修改了哪些地方、该配置项的修改可能影响的其他部分该如何处理等问题。

2) 变更管理的实现

VSS 软件配置管理工具提供了有效的问题跟踪和变更请求管理功能,它对软件生命周期各阶段所有的问题和变更请求进行跟踪记录,支持团队成员报告、获取和跟踪与软件变更相关的问题,以此了解谁改变了什么、改变的时间,还保证每个配置项变更之前的状况和变更之后的结果联系在一起。变更管理有效地支持了不同开发人员之间,以及客户和开发人员之间的交流,避免了无序和各自为政的状态。

变更管理中的控制策略要求只有拿到授权的人员才能对相关配置项进行修改,通过 VSS 工具的检入(Check in)和检出(Check out)实现配置项变更控制。

在项目开发过程中,对配置项的检入和检出功能每天频繁使用。下面具体说明对配置项新建、检入和检出的规定和对入库的文件类型和大小的规定,该规定避免了管理文件的混乱。

(1) 新建:即添加功能。每个配置库的工作目录只有获得相关权限人员可新建文件,但尽量指定每个文件和它的子目录由一人负责新建。

（2）检入。检入频率规定如下：

① 在代码编写前的需求分析和系统设计时，项目经理和配置管理人员每周需要督促产品版本 Check in 到 VSS 上，并在每个周末前完成对产品的一次评审。

② 代码编写阶段，开发人员每天 Check in 产品（包括产品说明）到 VSS 上。开发组长每周检查。配置管理人员每周统计，检查代码风格是否符合规定。

③ 测试阶段，根据代码、文档的变动，开发人员只要当天有变动就要检入一次。测试人员对每天变动的代码进行测试，对测试通过后的程序进行标识。

④ 集成人员将新版本的产品 Check in 到 VSS，向测试人员提交申请，测试人员对测试完成后的版本进行标识。配置管理人员对变更做好控制和记录，并发布。

⑤ 配置管理人员对开发过程各阶段的配置项变更做好控制和记录，并在项目里程碑的会议上进行配置项报告。

（3）检出。原则上获得相关权限的人员可对要修改的文档检出。

（4）破坏：一般情况建议不使用该功能破坏文件和目录。如果是误操作使用该功能，则可在一天内告知管理员。如果确实需要使用该功能，则需要由项目经理同意，且管理员在操作破坏功能前要进行备份。

3）关于 VSS 库内存放文件类型及大小的规定

（1）文件名及目录规定：以中文名字命名。

（2）文件大小规定：最大不超过多少。

（3）允许类型：

① 被命名规则命名的项目开发文件类；

② 代码及脚本类及为配合编译需要的类等。

（4）以下类型不允许存放在 VSS 库中：

① 备份数据；

② 安装程序、打包程序（zip\rar）；

③ 超过上限的非代码类及开发文档类文件。

注意：对于特殊情况或不确定情况，需向配置管理人员咨询后再加入。对于不允许存放类型的文件，可与配置管理员联络，随附件《说明清单》，以文件形式保存于服务器。

5. 定期进行状态报告和配置审核活动

配置状态报告一般由配置管理员、系统集成员、开发人员进行编写，配置状态报告可采用文档形式和通过配置管理工具自动生成数据来记录。开发人员、系统集成员用文档形式记录开发工作目录中的配置项情况，配置管理员采用文档形式和通过配置管理工具自动生成的数据来编写报告，记录配置工作目录中被确认的基线的配置项和产品发布工作目录中正在发布的软件产品等内容。状态报告定期向项目经理和 CCB 进行提交，项目管理者和 CCB 根据报告的记录来了解软件开发活动的进展情况和当前基线配置项的状态，也可作为对下一步开发进度安排的参照。同时项目管理者也能根据报告分析开发团队的工作情况，了解项目在软件开发过程中可能存在的问题并提出相应的改进方案。

在进行配置管理活动审核时,配置管理人员和项目管理者要确保项目组开发人员的所有配置管理活动是按已批准的软件配置管理方针和规程执行的,并检查和验证所有工作目录中的软件产品已经产生并有正确的标识和描述,需要变更的配置项已按管理流程完成变更,并且所有受该配置项影响的部分也做了相应的变更。基线审核活动还要在基线形成的各阶段保证基线配置项的完整性。

9.4.5　配置管理的标识规范

为便于标识、控制和追踪软件开发过程中产生的各种软件项及介质,项目配置管理一般会遵循特定的文件名称、版本号等规范,为了避免不同项目中规范不一致的情况,软件组织一般都会制定组织的标识规范,作为全组织应遵循的规范和指导原则,以规范管理组织的各种文件与记录。

配置标识是软件配置管理的基础性工作,是管理配置的前提。很难想象缺乏配置项标识的基线管理,将如何去区分和定义基线;也很难想象缺乏配置项标识的变更控制将如何去标明版本的变化轨迹。

配置标识可以根据项目的实际情况灵活掌握,但有一些基本的原则是需要遵从的。

(1) 标识唯一:这是为了避免混淆;

(2) 与同类配置项不同的信息,应纳入标识,这是为了便于区分、查找;

(3) 同类配置项的标识方法统一;

(4) 容易记忆:对于经常使用的配置项,标识不宜过长。

标识规范按照适用范围可分为项目级和组织级标识规范;按照适用对象可分为文件标识规范、产品标识规范、基准标识规范,对于部分组织还包括硬件标识规范;按照标识类型可分为名称标识规范和版本号标识规范,部分组织中还定义了编号标识规范。

1. 文件名称标识规范

(1) 项目级文件:指项目过程中使用到的文件,如项目管理计划、需求规格说明书、详细设计报告、用户手册等,项目级文件名称一般包括项目名称(编号、简称)、文件类型、模块名称等,如项目名称_文件类型_模块名称.扩展名。

在制定项目级文件编号规范时应充分考虑组织的项目中各种文件的共性和特性,使得制定出的规范在各个项目间具备通用性。为使文件名简洁美观,一般会为项目名称、文件类型等组织通用概念设定简称,如使用 DDR(Detail Design Report)代替详细设计报告。

(2) 组织级文件:指组织中除项目级文件以外的文件,如各种软件过程等规章制度、组织培训文件等,组织级文件名称一般包括组织名称(简称)、文件类型、文件名称等,如组织名称_文件类型_文件名称.扩展名(××公司_标准软件过程_项目管理过程.doc)。对于大的组织,组织级文件名称一般包含多种层次,如××公司_标准软件过程_项目管理过程_项目估算指南.doc、××公司_中国研究院_软件事业部_行政部_制度_考勤管理制度.doc。

2. 产品名称标识规范

产品指发布给客户的工作产品,一般为可执行程序、Web 应用部署包等。产品名称一般包括组织名称/简称、产品名称、版本信息等,如 Microsoft_Office_2007_Standard_cn.bin。

3. 基准/基线名称标识规范

在一个组织中,基准名称一般是固定的,所有项目使用同样的名称进行统一标识。

基准名称的规范制定需要考虑全面性,要充分考虑不同项目、不同业务部门之间的差异,来制定全面的规范供项目裁剪。

4. 版本号标识规范

1) 文件版本

文件版本规范提供文件撰写时的版本变更规则。文件版本号并无特别的要求,不过考虑到不断变更的要求,一般考虑无限制进阶式,下面是一个典型的文件版本规范:

采用$[x].[y].[z]$的三位格式,$[x]$、$[y]$、$[z]$均为数字;

初始版本为 1.0.0;

$[x]$:文件主要功能/整体架构/用途产生变更时增加;

$[y]$:文件中等规模变更时增加;

$[z]$:文件小规模变更时增加。

另外几种常用的版本规范是采用日期+流水号(20121212002 表示 2012 年 12 月 12 日对该文件的第 2 次修订)、时间(201012121655 表示修订时间为 2012 年 12 月 12 日 16 时 55 分修订)、流水号(7 表示对该文件的第 7 次修订)。显然,典型的文件版本规范不但能标识出版本的唯一性,还能在一定程度上透露出文件的历史修改幅度。

2) 产品/代码版本

产品/代码版本规范提供产品/代码的版本变更规则。产品/代码版本规范并无特别的要求,不过和文件版本号规范类似,一般考虑无限制进阶式,如以下是典型的产品/代码版本规范:

采用$[x].[y].[z]$的三位格式,$[x]$、$[y]$、$[z]$均为数字;

初始版本为 1.0.0;

$[x]$:重大功能变更(如增加多个模块)/整体架构变更的情况下增加;编号原则上小于 10;

$[y]$:新需求/迭代开发/新功能/中等规模功能变更的情况下增加,编号原则上小于 10;

$[z]$:修改 BUG/小的功能变更/其他小的变更情况下增加,编号原则上小于 100。

一般产品版本与代码版本应该保持某种程度的一致。

对于非正式发布(如内部测试)的产品/代码,一般使用附加日期、附加流水号或者 Build 号的方法记录,如 V1.1.4.20121012。

3) 基准/基线版本

对于基准/基线版本规范,可参考文件/代码版本规范进行定义,作为基线版本变更的规则。需要注意的是,尽量使文件版本、代码版本和基线版本之间建立一种显而易见的关系以减少另行记录带来的不便。

标识规范应作用于整个组织,并由项目配置管理员遵循标识规范对工作产品进行标识。配置项标识是一件比较细致的工作,也是配置管理的基础,遵循标识规范是相当必要的。只有这样,才能方便配置项的查找与归类,才能较清晰地看出配置项的状态,为基线控制、变更控制工作的开展打下基础。

软件配置管理活动的实现是个较为复杂,十分烦琐的工作,因为它涉及配置管理环境的设置和配置工具软件的选择,软件配置管理机制的组成和建立,软件配置管理活动的实施流程,软件配置管理基本任务相关规范的制定。具体介绍了软件配置管理的基本任务,基线管理的实现、配置项的标识及配置数据库设计、配置项变更管理的实现。还详细介绍了应用VSS配置管理工具实施的过程。要使配置管理顺利实现,仍然需要项目的不同人员之间进行不断的沟通和配合。通过这些工作,使企业的软件配置管理得以逐步完善,形成了一套行之有效的完整的软件配置管理体系。

9.4.6　配置管理的建议

为使软件配置管理工作对企业的项目管理活动更有帮助,在今后的工作中可更进一步从以下方面入手。

(1) 软件配置活动在不同的软件项目小组内实施后,该项目的资料会按开发的不同阶段全部放入配置库。建议把这些资料按划分不同的配置项进行进一步的整理。这样对软件的复用提供保障。

(2) 软件配置管理收集的各种报告,配置项的提交和更改记录等资料是项目管理者跟踪和控制项目的重要依据。它能帮助管理者更好地了解开发进度、存在的问题和预期目标。通过对大量开发过程的相关资料的审查和分析,能使管理者较准确地评估项目的规模,估算软件项目的成本,所需的人力和时间,控制项目的进度以及对各个阶段的工作进行量化。这样就能使企业的决策人做到心中有数,分析积累的各种数据可用在今后相似类型项目开发时的比照,可使项目的开发风险减到最小,保证软件产品的质量和提高企业的经济效益。

9.5　需求文档变更的管理

9.5.1　需求变更的原因

需求变更是无法避免的,发生需求变更的一个重要原因是系统周围的世界在不断变化,从而要求系统适应这些变化。在项目生命周期的任何时候或者项目结束之后都可以有需求变更。与其希望变更不会来临,不如希望在初始需求时预期到需求的变更,并想到对付这些变更的方法,在变更真的到来时能从容应对。不管做多少准备和计划都不可能阻止变更,因此所谓项目在需求冻结后再开始实施是很难做到的。

需求变更的表现形式是多方面的,如客户临时改变想法、项目预算增加或减少、客户对功能需求的改变等。在软件项目中,变更可能来自客户,也可能来源于项目组内部。虽然需求变更的表现形式千差万别,但究其根本不外乎以下几种原因:

1）范围没有圈定就开始细化

细化工作是由需求分析人员完成的，一般根据用户提出的描述性的、总结性的短短几句话去细化，并提取其中的一个个功能，给出描述（正常执行时的描述和意外发生时的描述）。当细化到一定程度开始系统设计时，范围会发生变化，用例细节的描述可能就有很多要改动，如原来是手工添加的数据，要改成系统计算出来，而原来的一个属性描述要变成描述一个实体等。

2）没有指定需求的基线

需求的基线是指是否容许需求变更的分界线。随着项目的进展，需求的基线也在变化。是否容许变更的依据是合同以及对成本的影响，例如软件整体结构已经设计出来是不容许改变需求范围的，因为整体结构会对整个项目的进度和成本有初步预算。随着项目的进展，基线将越定越高，容许的变更将越少。

3）没有良好的软件架构适应变化

分层组件式的软件结构提供了快速适应需求变化的体系结构，数据层封装了数据访问逻辑，业务层封装了业务逻辑，表示层展现用户表示逻辑。但适应变化必须遵循一些松耦合原则，因为各层之间还是存在一些联系的，设计要力求减少对接口参数可能产生的影响。如果业务逻辑封装好了，则表示层界面上的一些排列或减少信息的要求是很容易适应的。如果接口定义得合理，那么即使业务流程有变化，也能够快速适应变化。因此，在成本影响的容许范围内可以降低需求的基线，提高客户的满意度。

按照现代项目管理的概念，一个项目的生命周期分为启动、实施、收尾三个阶段。需求变更的控制不应该只是项目实施过程考虑的事情，而是要分布在整个项目生命周期的全过程。为了将项目变更的影响降低到最小，就需要采用综合变更控制方法。综合变更控制主要是找出可能影响需求变更的因素、判断需求变更的范围，确定需求变更是否已经发生等。

进行综合变更控制的主要依据是项目计划、变更请求和提供了项目执行状况信息的绩效报告。为保证项目变更的规范和有效实施，通常会有一些措施。

（1）项目启动阶段的变更预防。

对于任何项目，变更都无可避免，也无法逃避，只能积极应对，因此从项目启动的需求分析阶段开始，要对需求基准文件定义的范围尽可能详细清晰，避免用户后来可能的变更。如果需求没做好，基准文件里的范围含糊不清，那么变更就可能随时发生，要付出许多无谓的牺牲。需求要做到文档清晰，最好还有客户签字，同时可明确客户提出的变更超出了合同范围，需要另外收费，从而尽量减少客户随意的变更。相对于需求来说，工作分解结构（WBS）、风险管理、计划进度都是次要的，做好需求是最基本的。

（2）项目实施阶段的需求变更。

成功项目和失败项目的区别就在于项目的整个过程是不是可控的。项目经理应该树立一个理念——"需求变更是必然的、可控的、有益的"。项目实施阶段的变更控制需要做的是分析变更请求，评估变更可能带来的风险和修改基准文件。控制需求渐变需要注意以下几点：

① 需求一定要与投入有联系，如果需求变更的成本由开发方来承担，则项目需求的变

更就成为必然了。所以,在项目的开始,无论是开发方还是出资方都要明确这一条:需求变,软件开发的投入也要变。

② 需求的变更要经过出资者的认可,这样才会对需求的变更有成本的概念,能够慎重地对待需求的变更。

③ 小的需求变更也要经过正规的需求管理流程,否则会积少成多。在实践中,人们往往不愿意为小的需求变更去执行正规的需求管理过程,认为降低了开发效率,浪费了时间。但正是由于这种观念才使需求逐渐变为不可控,最终导致项目的失败。

④ 精确的需求与范围定义不能阻止需求的变更,并非对需求定义得越细,就越能避免需求的渐变,这是两个层面的问题。太细的需求定义对需求渐变没有任何效果。因为需求的变化是永恒的,不是需求写得细它就不会变化了。

⑤ 注意沟通的技巧。用户、开发者实际上都认识到了上面的几点问题,但是由于需求的变更可能来自客户方,也可能来自开发方,因此,作为需求管理者,项目经理需要采用各种沟通技巧来使项目的利益相关方各得其所。

9.5.2　需求变更的处理流程

1. 需求变更过程

需求变更管理过程定义了一系列活动,当有新的需求或对现有需求进行变更(都称为需求变更)时就会执行这些活动。需求变更可以在项目执行的任何一个点上发生,需求变更会影响项目进度,甚至会影响已经生产出来的产品。越是在生命周期后期的需求变更,对项目的影响越严重。不可控的需求变更导致对成本、进度以及项目质量的负面影响,这些极可能严重危害项目的成功。

需求变更管理过程用来控制需求变更并减少它们对项目的影响。这个目标需要理解需求变更请求的隐含意义,以及变更带来的总影响。同样,也需要立项申请人、客户意识到变更对项目影响的后果,使得可以友好地将变更反映到协商好的条款中。需求变更管理过程,从某种意义上说,是试图保证在需求变更影响下项目依然可以成功。

需求变更管理有两个方面:一方面是与立项申请人、客户就怎样处理变更达成一致,另一方面是实际进行变更的过程。处理变更的整体方法必须与立项申请人、客户达成一致,包括怎样进行变更请求,为处理变更留出时间等。需求变更既然不可避免,那么就必须有一套规范的处理流程。对于需求变更的处理流程应该分为以下步骤:提出变更、变更评估、实施变更。

因为现实世界的复杂性,事先预言所有的相关需求是不可能的。系统原计划的操作环境会改变,用户的需求会改变,甚至系统的角色也有可能改变。实现和测试系统的行为可能导致对正在解决的问题产生新的理解和洞察,这种新的认识就有可能导致需求变更。CMM提出"需求的变更被复审,并加入软件项目中来",其关键是在需求发生变更时,没有必要马上把这些变更付诸于软件开发工作之中。实际上,坚持把需求变更付诸开发努力,企业就会形成一种混乱且不稳定的氛围,进而严重破坏项目的控制和管理。需求管理的关键过程是试图通过把需求的变更囤积到可管理的组中,等到开发工作允许的时候再引入相应的方法,避免产生混乱的氛围。需求管理创建了一个隔绝开发工作与所有真实的、潜在无序的、来自于客户的变更。这个缓冲器允许真实的变更被注意、记录、追踪,同时开发工作又不会因此而被扰乱。开发项目应该周期性地暂停来吸收最新的需求变更积累,此时,所有的计划、设计、行为都根据刚刚吸收的需求变更的影响进行更新。

需求变更的控制当然与项目管理范畴之外的纯技术因素息息相关,如面向对象的分析、面向对象的设计、面向对象的编码方式等。但所有技术的发展趋势都是一样的,那就是为了使变更管理变得更容易,因此,不论在项目变更控制中采取什么方法、策略,对于项目本身的变化一定要时时洞悉,处处留意,只有这样才能从真正意义上对项目进行很好的变更控制。

2. 过程规范

参与人员:项目经理,立项申请人、客户、开发团队。

注:项目经理对将变更纳入项目中所需执行的过程负主要责任。立项申请人、客户以及开发队伍也需要参与这个过程。

入口准则:收到立项申请人提交的需求变更请求单。

出口准则:变更已列入新的软件需求说明书,并体现在新的软件项目计划中。

输入:需求变更请求单。

输出:根据需求变更请求单,在充分协商的基础上,提交新的软件需求说明书,并提交软件项目计划变更表。

活动:

(1) 记录需求变更请求,记录项中应包括变更请求数、变更的简要描述、变更的影响、变更请求的状态和关键数据;

(2) 分析变更请求对工作的影响;

(3) 估计变更请求需要的工作量;

(4) 修改项目计划,重新估计交付时间;

(5) 对总的成本花费的影响进行估计;

(6) 将修改过的项目计划提交立项申请人,并获得确认。

第 10 章

企业软件文档的管理

企业在组织项目实施过程中,软件文档管理的组织工作要依据项目管理的有关规范和项目管理经验,并结合项目的实际情况进行。在组织机构中设置文档管理组对项目小组在工作中形成的全部文档资料进行统一管理,编制入档。

文件编制工作必须有管理工作的配合,才能使所编制的文件真正发挥它的作用。文件的编制工作实际上贯穿于一款软件的整个开发过程,因此,对文件的管理必须贯穿于整个开发过程。

10.1 企业软件文档分类

在企业层面,文档资料按内容、级别分类编码,具体可分为:

1. 管理制度类

在系统开发实施建设中与项目管理相关的规章制度等文档与资料。

2. 公文类

在项目建设中涉及的各类公文性质的文档与资料。

3. 技术标准类

在项目建设中与技术相关的方案、标准等文档与资料。

4. 实施、验收类

在项目建设中与项目实施和验收相关的方案、标准、计划等文档与资料。

5. 设备类

在项目建设中与所需设备相关的文档与资料。

6. 变更控制类

在项目建设中与变更管理相关的方案、计划等文档与资料。

7. 培训类

在项目建设中与培训工作相关的文档与资料。

8. 商务类

在项目建设中与商务活动相关的文档与资料。

9. 其他

具有利用和保存价值的其他文档与资料。

10.2 企业软件文档管理要求

企业软件文档管理的职责主要体现以下几个方面：编制文档管理制度；负责各个部门发送的文档资料的管理工作；接受、配合各个方面对其文档资料管理的监理工作。

企业应设置文档管理部门，负责档案管理工作。文档管理部门在贯彻执行相关文档管理制度的同时还需遵守必须的保密、保卫制度，确保档案的安全，防止档案失密和泄密。

同时在文档资料管理中应注意以下几个问题：

（1）由于文档资料的使用场所、对象分散，其传达的及时性将会受到限制，因此，将对受控文件界定等级，分级控制；

（2）为了防止文档资料的误传或传递不畅，将尽量减少文件传递的中间环节，并做登记备案；

（3）对某些涉及内容繁多、过程复杂的工作，必须以书面材料为依据，一切其他内容均无效。

10.3 企业软件文档管理流程

企业在项目实施时各相关部门对文档资料管理的工作流程大致可分为以下几步，具体工作可根据实际情况进行裁减或调整。

1. 文档资料编制与内部审核

按照文档编制下达的任务，完成编制并经审核和修改后，方可正式提交。

2. 提交与接收

主管负责人负责文档资料对外提交的批准与发布，由具体岗位人员执行。

3. 文档资料审核

所有需要评审的文档资料都要进行严格的内容审核,包括修改后的再评审,以确保文档资料的质量。

4. 文档资料更改

某些文档资料在执行过程中会发生修改,应保证文档资料的可追溯性。

5. 文档资料的发送、发放

各类文档资料发送、发放前应得到相关工作负责人的批准后,方可执行。

6. 文档资料的接收、归档

文档资料变更后应及时更新,真实反映版本的最新状况,做好归档的文档资料的版本控制。

7. 文档资料借阅

记录所有文档资料借阅状况,秘密级以上的档案文件须经有关领导批准后方能借阅。

8. 档案的销毁

办理销毁手续,经主管负责人批准后,方能销毁。

10.4 项目文档的管理

在整个软件生存期中,软件项目的各种文档作为半成品或是最终成品,会不断地生成、修改或补充。为了最终得到高质量的产品,必须加强对文档的管理。以下几个方面是应注意做到的:

(1) 软件开发小组应设一位文档保管人员,负责集中保管本项目已有文档的两套主文本。两套文本内容完全一致。其中的一套可按一定手续,办理借阅。

(2) 软件开发小组的成员可根据工作需要在自己手中保存一些个人文档。这些一般都应是主文本的复制件,并注意和主文本保持一致,在做必要的修改时,也应先修改主文本。

(3) 开发人员个人只保存着主文本中与他工作相关的部分文档。

(4) 在新文档取代了旧文档时,管理人员应及时注销旧文档。在文档内容有变动时,管理人员应随时修订主文本,使其及时反映更新了的内容。

(5) 项目开发结束时,文档管理人员应收回开发人员的个人文档。发现个人文档与主文本有差别时,应立即着手解决,这常常是未及时修订主文本造成的。

(6) 在软件开发过程中,可能发现需要修改已完成的文档,特别是规模较大的项目,主文本的修改必须特别谨慎。修改以前要充分估计修改可能带来的影响,并且要按照提议、评议、审核、批准和实施等步骤加以严格的控制。

文档封面模板

项目名称

文档名称

版本：[版本号]

文 档 信 息

文件状态： [√]草稿 [ ]正式发布 [ ]正在修改	文件标识	
	文件位置	
	当前版本	$<x.y>$
	作者	
	发布日期	$<yyyy/mm/dd>$

文档更改记录

版　本	更改日期	更改人	更改原因	说　　明

文档介绍。

（1）文档目的。

（2）文档范围。

（3）读者对象。

（4）参考文献。

文献名称	作　者	日　　期

（5）术语与缩写解释。

缩写、术语	解　　释

附 录 B

项目规划期文档模板

B.1 可行性研究报告模板

可行性研究报告的编写目的是：说明该软件开发项目的实现在技术、经济和社会条件方面的可行性；评述为了合理地达到开发目标而可能选择的各种方案；说明并论证所选定的方案。

可行性研究报告的编写内容要求如下：

1. 可行性研究的前提

说明对所建议的开发项目进行可行性研究的前提，如要求、目标、假定、限制等。

1）要求

说明对所建议开发的软件的基本要求，例如：

① 功能；

② 质量；

③ 输入，说明系统的输入，包括数据的来源、类型、数量、数据的组织以及提供的频率；

④ 输出，如报表、文件或数据，对每项输出要说明其特征，如用途、要求输出频率；

⑤ 处理流程和数据流程，可用图表的方式表示出最基本的数据流程和处理流程，并辅之以叙述；

⑥ 在保密和知识产权方面的要求，如国产化环境的要求；

⑦ 本系统所处的上下文环境，与之相关联的其他系统；

⑧ 完成期限。

2）业务目标

说明所建议系统的主要开发目标，如

① 人力与设备费用的减少；

② 处理速度的提高；

③ 控制精度或生产能力的提高；

④ 服务的改进；

⑤ 自动决策的改进；

⑥ 管理的改进。

3）条件、假定和限制

说明这项开发中给出的条件、假定和所受到的限制，如

① 所建议系统的运行寿命的最小值；

② 进行系统方案选择比较的时间；

③ 经费、投资方面的来源和限制；

④ 法律和政策方面的限制；

⑤ 硬件、软件、运行环境和开发环境方面的条件和限制；

⑥ 可利用的信息和资源；

⑦ 系统投入使用的最晚时间。

4）进行可行性研究的方法

说明这项可行性研究将如何进行，所建议的系统将如何评价。简要说明所使用的基本方法和策略，如调查、加权、确定模型、建立基准点或仿真等。

5）评价尺度

说明对系统进行评价时所使用的主要尺度，如费用的多少、各项功能的优先次序、开发时间的长短及难易程度。

2. 对现有系统的分析

这里的现有系统是指当前实际使用的系统，这个系统可能是计算机系统，也可能是一个机械系统或是一个人工系统。

分析现有系统的目的是为了进一步阐明建议开发新系统或修改现有系统的必要性。

1）处理流程和数据流程

说明现有系统的基本处理流程和数据流程。此流程可用图表即流程图的形式表示，并加以叙述。

2）工作负荷

列出现有系统所承担的工作及工作量。

3）费用开支

列出由于运行现有系统所引起的费用开支，如人力、设备、空间、支持性服务、材料等项开支以及开支总额。

4）人员

列出为了现有系统的运行和维护所需要的人员的专业技术类别和数量。

5）设备

列出现有系统所使用的各种设备。

6）局限性

列出本系统主要的局限性，例如处理时间不能满足需要，响应不及时，数据存储能力不

足,功能达不到要求等。另外,应重点说明为什么对现有系统的改进性维护已经不能解决问题。

3. 所建议的系统

说明所建议系统的目标和要求将如何被满足。

1) 对所建议系统的说明

概括地说明所建议系统,并说明在第1点的1)中列出的那些要求将如何得到满足,说明所使用的基本方法及理论根据。

2) 处理流程和数据流程

给出所建议系统的处理流程和数据流程。

3) 改进之处

按第1点的2)中列出的目标,逐项说明所建议系统相对于现存系统具有的改进。

4) 影响

说明在建立所建议系统时,预期将带来的影响,包括:

(1) 对设备的影响。

说明新提出的设备要求及对现存系统中尚可使用的设备须做出的修改。

(2) 对软件的影响。

说明为了使现存的应用软件和支持软件能够同所建议的系统相适应,而需要对这些软件所进行的修改、补充或升级。

(3) 对用户单位的影响。

说明为了建立和运行所建议的系统,对用户单位、人员的数量和技术水平等方面的全部要求。

(4) 对系统运行过程的影响。

说明所建议系统对运行过程的影响,例如:

① 用户的操作规程;

② 运行中心的操作规程;

③ 运行中心与用户之间的关系;

④ 源数据的处理;

⑤ 数据进入系统的过程;

⑥ 对数据保存的要求,对数据存储、恢复的处理;

⑦ 输出报表的处理过程、存储和导出格式;

⑧ 系统失效的后果及恢复的处理办法。

(5) 对开发的影响。

说明对开发的影响,如

① 为了支持所建议系统的开发,用户需进行的工作;

② 建立一个数据库所要求的数据资源;

③ 为了开发和测试系统所需要的计算机资源;

④ 所涉及的保密与安全问题。

（6）对地点和设施的影响。

说明对地点和设施的要求。

（7）对经费开支的影响。

简要说明系统的开发和运行维护所需要的各项经费开支。

5）局限性

说明所建议系统尚存在的局限性以及这些问题未能消除的原因。

6）技术条件方面的可行性

说明技术条件方面的可行性，如

① 在当前的限制条件下，该系统的功能目标能否达到；

② 利用现有的技术，该系统的功能能否实现；

③ 对开发人员的数量和质量的要求，并说明这些要求能否满足；

④ 在规定的期限内，本系统的开发能否完成。

4. 可选择的其他系统方案

简要说明曾考虑过的每一种可选择的系统方案，包括需开发的和可从国内外直接购买的，如果没有供选择的系统方案可考虑，则说明这一点。

（1）可选择的系统方案 1。

参照第 4 点的提纲，说明可选择的系统方案 1，并说明它未被选中的理由。

（2）可选择的系统方案 2。

按类似第（1）条的方式说明第 2～第 n 个可选择的系统方案。

5. 投资及效益分析

1）支出

对于所选择的方案，说明所需的费用。如果已有一个现存系统，则包括该系统继续运行期间所需的费用。

（1）软件开发费用。

按需求、设计、编码和测试等阶段，逐项细化各阶段工作的工作量（人天），再乘以单价/人天，得到总的开发费用。

（2）基本建设投资。

包括采购下列各项所需的费用，如

① 计算机设备；

② 数据通信设备；

③ 环境保护设备；

④ 安全与保密设备；

⑤ 操作系统和中间件软件；

⑥ 数据库管理软件。

（3）其他一次性支出。

包括下列各项所需的费用，如

① 软件升级；

② 管理性费用；

③ 培训费、差旅费以及安装人员所需要的一次性支出；

④ 其他费用。

（4）维护费用。

列出在该系统生命期内按月或按季或按年支出的用于运行和维护的费用，包括：

① 设备的租金和维护费用；

② 软件的租金和维护费用；

③ 数据通信方面的租金和维护费用；

④ 房屋、空间的使用开支；

⑤ 公用设施方面的开支；

⑥ 安全保密方面的开支；

⑦ 其他经常性的支出等。

2）收益

对于所选择的方案，说明能够带来的收益，这里所说的收益，表现为开支费用的减少或差错的减少、灵活性的增加、速度的提高和管理方面的改进等。

（1）一次性收益。

说明能够用人民币数目表示的一次性收益，可按数据处理、用户、管理和支持等项分类叙述，如

① 开支的缩减包括改进了系统的运行所引起的开支缩减，如资源要求的减少，运行效率的改进，数据进入、存储和恢复技术的改进，系统性能的可监控，软件的转换和优化，数据压缩技术的采用，处理的集中化/分布化等；

② 价值的增升包括由于一个应用系统的使用价值的增升所引起的收益，如资源利用的改进，管理和运行效率的改进以及出错率的减少等；

③ 其他如从多余设备出售中回收的收入等。

（2）非一次性收益。

说明在整个系统生命期内由于运行所建议系统而导致的按月、按年的能用人民币数目表示的收益，包括开支的减少和避免。

（3）不可定量的收益。

逐项列出无法直接用金钱表示的收益，如服务的改进，由操作失误引起的风险的减少，信息掌握情况的改进，组织机构给外界形象的改善等。有些不可捉摸的收益只能大概估计或进行极值估计（按最好和最差情况估计）。

3）收益与投资比

求出整个系统生命期的收益与投资比值。

4）投资回收周期

求出收益的累计数开始超过支出的累计数的时间。

5）敏感性分析

所谓敏感性分析是指一些关键性因素如系统生命期长度、系统的工作负荷量、工作负荷

的类型及搭配、处理速度要求、设备和软件的配置等变化时,对开支和收益的影响最灵敏的范围的估计。在敏感性分析的基础上做出的选择通常会比单一选择的结果要好一些。

6. 社会因素方面的可行性

本章用来说明对社会因素方面的可行性分析的结果,包括:

1) 法律方面的可行性

法律方面的可行性问题很多,如合同责任、侵犯专利权、侵犯版权等方面的陷阱,软件人员通常是不熟悉的,有可能陷入侵权,因此要分析清楚。

2) 使用方面的可行性

例如从用户单位的行政管理、工作制度等方面来看,是否能够使用该软件系统;从用户单位的工作人员的素质来看,是否能满足使用该软件系统的要求等,都是要考虑的。

3) 社会道德方面的可行性

7. 结论

在进行可行性研究报告的编制时,必须有一个研究的结论。结论可以是:

(1) 可以立即开始进行;

(2) 需要推迟到某些条件(例如资金、人力、设备等)落实之后才能开始进行;

(3) 需要对开发目标进行某些修改之后才能开始进行;

(4) 不能进行或不必进行(如技术不成熟、经济上不合算等)。

B. 2　项目方案书模板

1. 前言

1) 项目简介

对该项目的基本情况做一简单的介绍。

2) 背景分析

应列举一些与该项目相关的背景资料以及相关的分析,可以包括国内外的实施情况,客户群体背景等方面的内容。

3) 建设目标

对该项目的建设目标做出一个概要性的描述,以帮助读者能够很快地抓住主题,对项目的意义与远景有一个共识。

4) 系统设计原则

说明该方案中的设计原则,通常包括性能、安全性、经济性等,如果涉及系统复杂或需要多方协调,还应强调统一规划、分步实施、加强统一协调等。

5) 遵循的标准与规范

如果客户有需求,或者设计方案符合某个国际标准、国家标准、行业标准,应该在本小节中列出这些规范,并且说明在设计方案中是如何满足这些规范的,这样做将带来什么样的好处。

2. 项目规划

如果所做的系统将是一个长期性大项目的第一期，或者是其中的一期，那么应该从整个系统的远期规划着手，描述该项目的长远目标和远景。然后从中导出所做的本期建设规划，从而使客户明白设计方案与长远规划的一致性。

3. 需求分析

该部分内容主要来源于招标文件，可以在招标文件提出的系统需求的基础上进行扩展性描述，也可以对其进行合理的重新组织，使得其更加规格化。然后对其需求进行分析，为系统架构设计打下基础。

4. 系统架构设计

这是系统设计方案中最重要的一部分，通过该部分的描绘，将为客户构建一个良好的框架，让其对设计思路有一个总体上的了解。

1）系统架构

给出组成系统架构的各个结构图，如分层结构、模块结构和部署结构等，它们是能帮助用户直观了解系统各结构的示意图，然后对这些图进行一些必要的补充说明，如各个子系统的功能，同时还应该对各结构之间的关系进行说明，帮助读者更好地理解整体架构。如果需要还可以分小节进行描述。

如果系统中的网络和硬件部分较为复杂，还可专门对硬件及网络设计方案进行描述，形成网络结构设计。

2）技术说明

对选用的主要技术进行必要的解释和说明，帮助读者了解这些技术的特点，以及其优势和采用的原因。

3）系统设计的相关考虑

对架构设计时考虑到的一些非功能因素进行描述，例如性能、安全性、兼容性、对原有资源的利用等，主要包括采用的技术、措施，能够达到的效果，以及对系统的综合考虑。

5. 硬件选型

主要是硬件设备（包括网络设备）的选型、设备的详细技术参数，说明选择考虑和理由，也就是要达到说服客户采用所给选型方案。可以从硬件的产品技术白皮书上获取这些资料，并且从性价比和使用情况等方面进行深入的描述。

通常情况下，硬件的性能、功能要求在招标书中会列出，因此在描述的时候应该结合这些内容进行针对性的说明。如果需要，也可以提供多种不同的方案建议，并充分说明这些选择的优劣点，供客户根据实际的需要进行选择。

如果涉及综合布线，则可分一小节进行描述。

6. 子系统设计方案

应该说明各个子系统之间的关系，每个子系统的设计考虑，以及将采用什么操作系统、数据库、中间件、开发工具，并且说明理由。

对于所选择的操作系统、数据库、中间件、开发工具应该列举出详细的技术资料，可以从相关的产品白皮书中获得这些资料，并结合它们的优势从在该项目中应用的好处的角度多做一些阐述。

如果项目中包含一些需要集成的系统，如视频会议系统、邮件系统、Web 系统等，则应该单独地进行描述，可以根据其规模决定是都放在一个章节还是多个章节。主要内容就是产品选型、技术说明、推荐理由等。

7. 项目建设计划

从本期建设的组织结构、实施进度计划等方面进行阐述，这样让客户明白需要多少时间来完成本期项目。

8. 技术培训与支持

最后，还应该对项目的技术培训与售后技术服务进行说明。

1）项目培训

通常包括培训目标、培训人员、培训内容、培训方式等内容。

2）售后服务

通常包括应用软件维护、现场维护、巡检维护、备件管理、安装规范以及售后服务响应体系的介绍。

附 录 C

需求类文档模板

C.1　需求调研报告

1. 产品介绍

说明产品是什么,主要功能和用途。

介绍产品开发背景。

2. 产品面向的用户群体

描述本产品面向的用户(客户、最终用户)的特征。

说明本产品将给他们带来什么好处。

3. 产品应当遵循的标准或规范

阐述本产品应当遵循什么标准、规范或业务规则。

4. 产品的功能性需求

功能性需求分类:

功能类别	子 功 能
功能 1	功能 1.1
	功能 1.2
	⋮
功能 2	功能 2.1
	功能 2.2
	⋮
⋮	

m)功能 m

⋮

n)功能 $m.n$。

描述相应功能。

5. 产品的非功能性需求

1) 用户界面需求

需求名称	详细描述

2) 软硬件环境要求

需求名称	详细描述

3) 产品质量需求

主要质量属性	详细描述
安全性	
兼容性	
可移植性	
性能、效率	
可扩展性	
⋮	

4) 其他需求

C.2　需求规格说明书

1. 产品前景

描述软件需求规格说明中所定义的产品的背景和起源。说明该产品是不是产品系列中的下一成员，是不是成熟产品所改进的下一代产品、是不是现有应用程序的替代品，或者是不是一个新型的、自含型产品。如果软件需求规格说明定义了大系统的一个组成部分，那么就要说明这部分软件是怎样与整个系统相关联的，并且要定义出两者之间的接口。

2. 需求整体说明

对项目范围进行准确清晰的界定与说明是软件开发项目活动开展的基础和依据。对整个软件需求进行总体性的描述，以期让读者对整个软件系统的需求有一个框架性的认识。也就是说，该节中主要包括影响产品及其需求的一般因素，而不列举具体的需求。主要包括产品总体效果、产品功能、用户特征、约束、假设与依赖关系、需求子集等方面的内容。

1）用例模型

列出该软件需求的用例模型,该模型处于系统级,对系统的特性进行宏观的描述。在此应该列出所有的用例和 Actor 的名称列表,并且对其做出简要的说明,以及在图中的各种关系。

2）假设与依赖关系

在软件系统的开发过程中,存在许多假设和依赖关系。在本小节中应列举出所有重要的技术可行性假设、子系统或构件可用性假设,以及一些可行性的假设。

3. 功能需求

详细列出系统所有的功能需求,应使设计人员能够充分理解,同时也应该给予测试人员足够的信息,以帮助他们来验证系统是否满足了这些需求。功能需求可以采用用例描述。

在软件需求规格说明书中可以将这些具体的用例描述整理在一起,全部放在该节之中。当然也可以将用例描述作为附件,在此列出引用,只是这样做并不利于阅读。建议在组织形式上采用以"软件需求"为线索,在每个需求中,填入对应的用例描述。

4. 质量特征需求

由于用例主要针对功能性需求,质量特征需求建议采用质量场景的方法加以说明,详尽陈述对客户或开发人员至关重要的产品质量特性。这些特性必须是确定、定量的并在可能时是可验证的。至少应指明不同属性的相对侧重点,例如易用程度优于易学程度,或者可移植性优于有效性。

5. 各种限制条件

确定影响开发人员自由选择的问题,并说明这些问题为什么成为一种限制。可能的限制包括以下内容:

* 必须使用或者避免的特定技术、工具、编程语言和数据库。
* 所要求的开发规范或标准(例如,如果由客户的公司负责软件维护,就必须定义转包者所使用的设计符号表示和编码标准)。
* 企业策略、政府法规或工业标准。
* 硬件限制,例如定时需求或存储器限制。
* 数据转换格式标准。

其他:包括用户界面要求、联机帮助系统要求、法律许可、外购构件,以及操作系统、开发工具、数据库系统等设计约束。定义在软件需求规格说明的其他部分未出现的需求,例如国际化需求或法律上的需求。

还可以增加有关操作、管理和维护部分来完善产品安装、配置、启动和关闭、修复和容错,以及登录和监控操作等方面的需求。在模板中加入与项目相关的新部分。如果不需要增加其他需求,就省略这一部分。

1）用户界面

描述每个用户界面的逻辑特征,以下是可能要包括的一些特征:

* 将要采用的图形用户界面(GUI)标准或产品系列的风格。
* 屏幕布局或解决方案的限制。

- 将出现在每个屏幕的标准按钮、功能或导航链接(例如一个帮助按钮)。
- 快捷键。
- 错误信息显示标准。

2)运行环境

描述了软件的运行环境,包括硬件平台、操作系统和版本,还有其他的软件组件或与其共存的应用程序。

C.3　用例使用场景模版与实例

用例标题	
需求编号	
参与者	
目的	
概述	
前提条件	
(1)	
(2)	
主段	
典型事件发生过程	

参与者动作	系统响应

可变过程	
(1)	
(2)	
事后状况	
使用/扩展	
频率	
未解决的问题	
(1)	
(2)	
负责人	
修改历史纪录	
日期	
作者	
描述	

用例标题	PG1 购买商品
需求编号	SRS1
参与者	客户(发起者)、收银员
目的	记录客户购买和支付过程
概述	客户带着所要购买的商品来到收银台。收银员扫描商品信息并接受付款,付款必须采用经过授权的方式。付款完成后,客户带着他所购买的商品离开

前提条件

(1) 收银员必须已经登录

(2) 收银员当班

主段

典型事件发生过程

参与者动作	系统响应
(1) 用例开始于一个客户带着所要购买的商品到达收银台	
(2) 收银员扫条码录入每项商品的信息,如果同类商品多于一项,收银员可录入该商品的数量或多次扫描	(3) 显示当前商品信息和商品价格
(4) 商品信息扫描录入完成后,收银员发出确认命令,表明商品信息录入完成	(5) 计算和显示商品价值总额
(6) 收银员告诉客户商品的总价	
(7) 客户选择付款方式 ① 现金,见现金支付 ② 银行卡,见银行卡支付 ③ 微信支付 ④ 支付宝支付 ……	
	(8) 记录这次已完成的交易
	(9) 更新商品库存数量
	(10) 打印票据(含商品明细和总价)
(11) 收银员将票据交给顾客	
(12) 客户带着购买的商品离开,用例结束	

现金支付

典型事件发生过程

参与者动作	系统响应
(1) 客户用现金支付商品,所付金额应大于或等于商品的总价	
(2) 收银员记录顾客所支付的现金数	(3) 显示出应找还给客户的余额
(4) 收银员收好顾客所支付的现金,并找还给客户余额	

可变过程

(1) 客户没有足够的现金,可能要取消这次交易或者要求使用另一种支付方式

银行卡支付(借记卡、贷记卡或其他卡)

典型事件发生过程

参与者动作	系统响应
(1) 客户提供他的卡信息	(2) 产生卡支付请求并将其发送到一个外部卡授权服务机构
(3) 卡授权服务机构授权了这次支付	(4) 接收一个来自卡授权服务机构的卡批准应答信息
	(5) 发送(记录)卡支付信息和批准应答信息到应收款系统
	(6) 显示授权成功信息

可变过程

(1) 卡支付请求被卡授权服务机构拒绝,要求客户采用其他支付方式

事后状况	
使用/扩展	
频率	很频繁,每天若干次
未解决的问题	
(1)	
(2)	
负责人	
修改历史纪录	
日期	
作者	
描述	初始版本

C.4 用例描述模板

1. 用例名称

简要说明用例的作用和目的。

2. 用例图

描述本用例和所有与该用例相关的角色(Actor)。

3. 事件流

1) 基本流

当 Actor 采取行动时,用例也就随即开始。用例总是由 Actor 启动的,用例应说明 Actor 的行为及系统的响应,可按照 Actor 与系统进行对话的形式来逐步引入用例。

要注意的是,用例描述应该说明系统内发生的事情,而不是事件发生的方式与原因。如果进行了信息交换,则需指出传递的具体信息。例如,只表述角色输入了客户信息就不够明确。最好明确地说角色输入了客户姓名和地址。当然也可以通过项目词汇表来定义这些信息,使得用例中的内容被简化,从而不至于让用例描述陷入过多的细节内容。

如果存在一些相对比较简单的备选流,只需少数几句话就可以说明清楚,那么也可以直接在这一部分中描述。但是如果比较复杂,还是应该单独放在备选流小节中描述。

一幅图胜过千言万语,因此建议在这一小节中,除了叙述性文字之外,还可以引用 UML 中的活动图、顺序图、协作图、状态图等手段,对其进行补充说明。

2) 备选流

(1) 第一备选流。

正如前面所述,对于较复杂的备选流应单独地说明。

备选支流。

如果能使表达更明确,备选流又可再分为多个支流。

(2) 第二备选流。

在一个用例中很可能会有多个备选流。为了使表达更清晰,应将各个备选流分开说明。使用备选流可以提高用例的可读性,并防止将用例分解为过多的层次。应切记,用例只是文本说明,其主要目的是以清晰、简洁、易于理解的方式记录系统的行为。

4. 非功能需求

主要对该用例所涉及的非功能性需求进行描述,由于其通常很难在事件流中进行表述,因此单列为一小节进行阐述。这些需求通过包括法律法规、应用程序标准、质量属性(可用性、可靠性、性能、支持性、兼容性、可移植性等),以及设计约束等方面的需求。在这些需求的描述方面,一定要注意使其可量度、可验证,否则就容易流于形式,形同摆设。

5. 前置条件

用例的前置条件是执行用例之前必须存在的系统状态。

6. 后置条件

用例的后置条件是用例执行完毕系统可能处于的一组状态。

7. 扩展点

用例的扩展点通常是用例图中的 extent 关系。

C.5 需求评审报告

1. 基本信息

待评审的需求	需求文档名称、标识、版本、作者、时间		
评审方式			
评审时间			
评审地点			
评审所需设备			
参加需求评审的人员			
类　别	名　字	工作单位	职称、职务
主持人			
评　审小　组成　员			
记录员			
作　者			
其他人员			

2. 缺陷识别

已识别的需求缺陷	建议缺陷解决方案

3. 评审结论与意见

评审结论	〔 〕工作成果合格,"无需修改"或者"需要轻微修改但不必再审核" 〔 〕工作成果基本合格,需要做少量的修改,之后通过审核即可 〔 〕工作成果不合格,需要做比较大的修改,之后必须重新对其评审
意 见	
负责人 签字	签字: 日期:

4. 缺陷修正、跟踪与审核

缺陷跟踪		
缺陷名称	何人何时如何解决	审核人意见、签字

审核修正后的工作成果	
修正后的 工作成果	需求名称、标识、版本、作者、时间
审核结论	[　]修正后的工作成果合格 [　]修正后的工作成果仍然不合格,需重新修改
审核人员 签字	签字: 日期:

C.6　需求分析报告检查表

项目名称：　　　　　　　　　　　　　　　　　　　　　项目编号：

序号	内　　容	Yes	No	不适用
1	是否描述系统的所有输入，包括输入源、准确性、取值范围和出现频率			
2	是否描述系统的所有输出，包括输出的目标、准确性、取值范围、出现频率和格式			
3	是否描述所有(主要)的报表格式			
4	是否描述所有硬件和软件的外部接口			
5	是否描述所有的通信接口，包括握手协议、差错检测和通信协议			
6	从用户的角度来看，是否描述了对所有必要操作的预计响应时间			
7	是否对时间方面的问题进行考虑，如处理时间、数据传输和系统的吞吐量			
8	是否描述用户想要完成的所有(主要)任务			
9	是否每个任务都描述了所使用的数据及产生的数据			
10	是否描述了安全级别			
11	是否描述了系统的可靠性，包括软件产生故障的后果、故障后重要数据的保护、错误检测和恢复			
12	是否描述了可接受的折中原则，如健壮性和正确性之间的选择			
13	是否详细说明了(最大)内存容量			
14	是否详细说明了(最大)存储容量			
15	是否详细说明了系统的质量，包括适应操作环境变化的能力等和附加的可以预知的质量			
16	有些信息只有到开发时才能获得，是否对这些信息不完全的领域进行描述			
17	是否对需求的某些部分感到不满意，是否有些部分不可能实现，但为了取悦客户或上司而放在需求之中			
18	是否用用户语言，站在用户的角度来写需求？用户这样认为吗			
19	是否所有的需求都避免与其他的需求发生冲突			
20	需求是否避免了对设计的详细说明			
21	对需求的描述是否一致？是否有的需求说明很详细，有的需求说明很粗			
22	需求是否足够清晰，以至可以转交给一个独立小组来实现，并能够被理解			
23	每个条款都是描述问题及解决问题吗？每个条款都能被追溯到问题的来源吗			
24	每个需求是可测试的吗？是否可以通过独立的测试来决定需求是否被满足			
25	对需求的变更描述是否包括变更发生的可能性			
总分				

注：每项 Yes(+4 分)，No(−4 分)，不适用(0 分)。

审核人/日期：　　　　　　　　　　　　　　　　　　　批准人/日期：

附录 D

文档设计模板

D.1 软件架构设计说明书

1. 概述

描述架构文档编写的目的,有哪些读者。描述架构设计的参考依据、资料以及大概内容。

2. 软件架构的作用和表示方式

说明软件架构在系统中的作用及其表示方式,列举其所必需的用例视图、逻辑视图、进程视图、部署视图或实施视图,并分别说明这些视图包含哪些类型的模型元素。

3. 软件架构的目标和约束

说明对软件架构具有某种重要影响的软件需求和用户目标,例如,系统安全性、保密性、第三方组件的使用、可移植性、发布和重新使用。它还要记录可能适用的特殊约束:设计与实施策略、开发工具、团队结构、时间表、遗留系统等。

4. 架构设计方案

阐明进行架构设计的总体原则,如对问题域的分析方法。

1) 架构分析

对场景以及问题域进行分析,构成系统的架构级设计,阐明对系统分层的思想,以及其他视图的考虑。

2) 设计思想

阐明进行架构设计的思想,可参考一些架构设计的模式,需结合当前系统的实际情况而定。

3）架构体系

根据架构分析和设计思想产生系统的各结构图（视图），并对结构图进行描述，说明分层的原因、层次的职责，描述系统的部署体系。

4）子系统和模块划分

进行子系统和模块的划分并阐明划分的理由，绘制模块物理图以及模块依赖图。

（1）模块描述。

根据模块物理图描述各模块的职责，并声明其对其他模块的接口要求。

（2）模块接口设计。

对模块接口进行设计，可提供一定的伪代码。

5. 用例视图

使用用例分析技术生成系统用例模型，描述其中的一些用例或场景。在该模型中纳入的用例或场景，应该是系统中最重要、最核心的功能部分。

另外，在本节中还应该选择一个主要的用例，对其进行描述与解释，以帮助读者了解软件的实际工作方式，解释不同的设计模型元素如何帮助系统实现。

6. 逻辑视图

逻辑视图主要是反映系统本质的问题领域类模型，在逻辑视图中将列出组成系统的子系统、包。而对每个子系统、包分解成为一个个类，并说明这些关键的实体类的职责、关系、操作、属性。这也是 OO 思想的体现，以类、类与类之间的协作、包、包与包之间的协作模型来表达系统的逻辑组织结构。

1）概述

列出逻辑视图的顶层图，该图将反映系统由哪些包组成，每个包之间的关系与协作，以及包的层次结构。使得读者对软件架构有一个整体的了解。

2）影响软件体系结构的重要设计包

从逻辑视图中选择有重要意义的设计包，每个设计包有一个小节来描述，给出这些包的名称、简要的说明、该包中的主要类和相关的类图。对于包中的重要的类，还应该给出其名称、简要说明、主要职责、操作、属性等。

7. 进程视图

描述系统在执行时，包括哪些进程（即线程、进程、进程组），以及它们之间是如何进行通信的、如何进行消息传递、接口如何，并且来说明如何进行组织。

8. 部署视图

描述该软件系统的部署结构，需要哪些硬件、支撑软件、网络环境。在每个物理节点上所运行的模块，它们之间是如何连接的，这些物理节点与进程之间的映射关系等。

9. 实施视图

从开发的角度来描述软件系统架构,包括其整体结构、层次结构、子系统,以及要使用的第三方控件,自定义控件,以及它们之间的接口。

1) 概述

说明各个层的内容、边界与交互,通常用 UML 中的构件图来表示。

2) 各层说明

对每一个层进行说明,并给出每一个层的构件图,帮助读者分而治之。

D.2　概要设计说明书

D.2.1　模板 1

这是一个面向结构化设计思想的概要设计说明书模板,在 ISO 规范的基础上做了一定修改,使其更加直观。

1. 系统概述

1) 系统任务

① 系统目标;

② 运行环境;

③ 与其他系统的关系。

2) 需求规定

功能需求;

质量需求;

约束条件;

数据要求。

2. 架构设计

1) 系统物理结构

① 系统部署图。

② 设备清单。

序　号	设备名称	数　量	型号和规格

2) 软件结构图

① 模块结构图。

② 分层结构。

③ 模块/子系统清单。

编号	模块名称	模块标识	输入	处理	输出

3．子系统 1/模块 1 设计

1) 子系统 1 结构设计

(1) 需求规定。

说明对本子系统的主要输入输出、处理的功能、质量要求、限制条件。

(2) 运行环境。

简要说明对本子系统的运行环境(包括硬件环境和支持环境)的规定。

(3) 基本设计思想和处理流程。

说明本系统的基本设计思想和处理流程,尽量使用图表的形式,如流程图或时序图。

(4) 子系统的质量设计。

① 性能。

响应时间;

吞吐量。

② 安全。

安全控制和物理保护措施;

用户身份鉴别机制;

用户对系统的访问权限和范围;

病毒的防治措施;

数据加密方法。

③ 其他质量

(5) 结构。

用一览表及框图的形式说明本子系统的系统元素(层及模块、类结构及类等)的划分,简要说明每个系统元素的标识符和功能,分层次地给出各元素之间的控制与被控制关系。

(6) 功能与程序结构的关系。

说明各项功能与程序结构的关系。

(7) 人工处理过程。

说明在本子系统或模块的工作过程中必须包含的人工处理过程(如果有)。

(8) 尚未解决的问题。

说明在概要设计过程中尚未解决而设计者认为在系统完成之前必须解决的各个问题。

2) 子系统接口设计

(1) 用户接口。

说明将向用户提供的命令和它们的语法结构,以及软件的回答信息。

（2）外部接口。

说明本子系统同外界的所有接口的安排，包括软件与硬件之间的接口、本子系统与各支持软件之间的接口关系。

（3）内部接口。

说明本子系统之内的各个系统元素之间的接口安排。

3）子系统运行设计

（1）运行模块组合。

说明对子系统施加不同的外界运行控制时所引起的各种不同的运行模块组合，说明每种运行所历经的内部模块和支持软件。

（2）运行控制。

说明每一种外界的运行控制方式和操作步骤。

（3）运行时间。

说明每种运行模块组合将占用各种资源的时间。

例如，对于运行1可描述如下：

① 运行模块组合运行名称。

模块集合	运行条件	支持软件

② 运行控制操作。

运行名称	控制方法	操作步骤

③ 运行时间。

运行名称	所占资源	时　间

4）子系统数据结构设计

（1）逻辑结构设计要点。

给出本子系统内所使用的每个数据结构的名称、标识符以及它们之中每个数据项、定义、长度及它们之间的层次或表格的相互关系。

（2）物理结构设计要点。

给出本子系统内所使用的每个数据结构中的每个数据项的存储要求，访问方法、存取单位、存取的物理关系（索引、设备、存储区域）、设计考虑和保密条件。

（3）数据结构与程序的关系。

说明各个数据结构与访问这些数据结构的程序之间的关系。

5）子系统出错处理设计

（1）出错信息。

用一览表的方式说明每种可能的出错或故障情况发生时,系统输出信息的形式、含义及处理方法,如下：

出错情况；

出错信息输出形式、信息含义、处理方法。

（2）补救措施。

说明故障出现后可能采取的变通措施,包括：

① 后备技术　说明准备采用的后备技术,当原始系统数据万一丢失时启用的副本的建立和启动的技术,例如,周期性地把固态盘信息记录到硬盘上或者把硬盘上的信息转储到光盘上去就是对于磁盘媒体的一种后备技术。

② 降效技术　说明准备采用的降效技术,使用另一个效率稍低的系统或方法来求得所需结果的某些部分,例如一个自动系统的降效技术可以是手工操作和数据的人工记录。

③ 恢复及再启动技术　说明将使用的恢复再启动技术,使软件从故障点恢复执行或使软件从头开始重新运行的方法。

（3）子系统维护设计。

说明为了系统维护的方便而在程序内部设计中做出的安排,包括在程序中专门安排用于系统的检查与维护的检测点和专用模块。

6）质量、功能与模块关系

模　块　＼　质量与功能	质量、功能
子模块1	
子模块2	
子模块3	
⋮	

D.2.2　模板2

1. 概述

描述概要设计的参考依据、资料以及大概内容。

2. 目的

描述概要设计的编写目的。

3. 模块概要设计

引用架构设计说明书中的模块图,并阐述对于模块（子系统）进行设计的大致思路。

（1）设计思想。

阐明概要设计的思想，概要设计的思想通常是涉及设计模式的。

（2）模块 A。

① 概要设计。

根据该模块的职责对模块进行概要设计（分解模块为对象、描述对象的职责以及声明对象之间的接口），绘制模块的对象图、对象间的依赖图以及模块主要功能的序列图，分别加以描述并描述模块异常的处理方法。

② 模块接口。

阐明对于架构设计中定义的模块接口的设计。

（3）模块 B。

⋮

D.3　详细设计说明书

D.3.1　模板 1

该模板是以结构化设计的主要思想，在 ISO 标准的基础上进行了适当的修改与完善。如果采用的是面向对象的设计，那么详细设计可以用类图、顺序图、交互图、活动图、状态图等描述类静态结构与动态行为的图表表示。

1. 模块结构

（1）模块结构图。

（2）模块清单。

编号	模块名称	模块标识符

（3）模块子结构图。

① 模块内部结构图。

② 子模块清单。

编号	子模块名称	子模块标识符	父模块名称

2. 模块设计

（1）模块 1（标识符）。

① 模块概述。

说明模块的简要情况以及属性。

② 功能与质量属性。

功能（IPO 图）。

输入	处理	输出

能提供的质量属性。

③ 输入/输出项。

输入项。

名称	标识符	类型	介质	来源	描述

输出项。

名称	标识符	类型	介质	来源	描述

④ 数据结构。

全局数据结构。

名称	标识符	类型	使用方式	访问方式	描述

局部数据结构

名称	标识符	类型	使用方式	访问方式	描述

⑤ 算法描述。

⑥ 限制条件。

模块所受的限制条件。

⑦ 测试计划。

驱动模块和桩模块；

前置条件；

测试用例：输入和预期结果。

（2）模块 2。

⋮

D.3.2　模板 2

1. 概述

阐述详细设计的参考依据、资料以及大概内容。

2. 目的

阐述详细设计的编写目的。

3. 模块详细设计

1）设计思想
阐述对模块进行详细设计的思想。
2）模块 A 详细设计
根据概要设计详细描述对于模块内对象的实现，包括对象的职责、属性、方法、对象内功能的流程图、对象关联的类、对象的异常，需要绘制的主要为类图。
3）模块 B 详细设计
　　⋮

D.4　数据库设计说明书

1. 数据库环境说明

（1）选用的数据库管理系统。
说明数据库系统的版本，安装环境要求，简要说明和项目有关的数据库系统的特点。
（2）数据库设计工具。
说明数据库设计的工具，优缺点，能否将设计结果直接转化为表结构。
（3）和数据库相关的接口。
列出将要使用或访问此数据库的所有应用程序，对于这些应用程序的每一个，给出它的名称和版本号。说明用何种接口和数据库交互，如 ODBC 和 JDBC 等。

2. 命名规则、标识符和状态

和用途联系起来，详细说明用于唯一地标识该数据库的代码、名称或标识符，附加的描述性信息亦要给出。
说明表、字段、索引、触发器等的命名规则。

3. 数据字典或实体类

说明本数据库将反映的现实世界中的实体、属性和它们之间的关系等的原始数据形式，包括各数据项、定义、类型、量度单位和值域，建立本数据库的每一幅用户视图。

4. 概要设计

说明把上述原始数据进行分解、合并后重新组织起来的数据库全局逻辑结构,包括所确定的关键字和属性,形成本数据库的数据库管理员视图。

5. 逻辑设计

主要是设计表结构。一般地,实体对应于表,实体的属性对应于表的列,实体之间的关系称为表的约束。概要设计中的实体大部分可以转换成逻辑设计中的表。对表结构进行规范化处理(第三范式)。

6. 物理结构设计

建立系统程序员视图,包括:
① 数据在内存中的安排,包括对索引区、缓冲区的设计;
② 所使用的外存设备及外存空间的组织,包括索引区、数据块的组织与划分;
③ 访问数据的方式方法。

表名							
数据库用户							
主键							
其他排序字段							
索引字段							
序号	字段名称	数据类型(精度范围)	是否空	主外键	是否唯一	默认值	约束条件/说明
表创建脚本							
记录数							
增长方式							
表的并发方式							
补充说明							

7. 安全设计

说明在数据库的设计中,将如何通过区分不同的访问者、不同的访问类型和不同的数据对象,进行分别对待而获得数据库安全的设计考虑。

8. 数据库的创建及维护

说明数据库的创建、存储及增长方式,说明预计数据量,增长的阈值。数据库是否分布存储,数据库的备份和恢复策略等。

附录 E

设计文档模板

E.1 软件配置管理规范

1. 目的

确保每个文档具有唯一编号，便于文件的识别、追溯和控制，保证文件体系有效运转。

2. 范围

说明本配置管理规范的适用范围。

3. 命名规则

1) 文档命名规则

技术文档命名格式：项目缩写-vnn-(AA-)BB-yynn。AA：子项目名称。yy：文件版本号。BB：工作过程。

对应名称：项目名称/项目版本编号>_相应工作过程名称>_文档版本编号>。

相应工作过程名称的简称，可以参照下面表格中的标准。

验收测试计划(Acceptance Test Plan)	ATP
验收测试报告(Acceptance Test Report)	ATR
检查单(Check List)	CL
程序修改报告(Code Difference Report)	CDR
软件架构设计文件(Software Architecture Design Document)	ADD
详细设计文件(Detail Design Document)	DDD
软件功能设计文件(Software Function Design Document)	FDD
软件功能说明书(Software Function Specification)	FS
手册(Hand Book)	HB

续表

系统集成测试计划(System Integration Test Plan)	ITestPlan
系统集成测试报告(System Integration Test Report)	ITestRep
组间协作文件(Intergroup Coordination Document)	ICD
组件设计文件(Component Design Document)	CDD
软件配置管理文件(Software Configuration Management Plan Document)	SCM
软件开发策划文件(Software Development Plan Document)	SDP
软件项目策划文件(Software Project Plan Document)	SPP
软件质量保证计划(Software Quality Assurance Plan)	SQA
软件需求规格说明(Software Requirements Specification)	SRS
工作说明(Statement of Work)	SoW
子系统测试计划(Sub-System Test Plan)	SSTP
子系统测试报告(Sub-System Test Report)	SSTR
子系统测试脚本(Sub-System Test Script)	SSTS
软件维护计划(Sustaining Plan)	SP
系统操作描述(System Operations Description)	SOD
系统测试计划(System Test Plan)	STestPlan
系统测试报告(System Test Report)	STestRep
培训计划(Training Plan)	TP

例如：CGM-v1-需求规格说明书-0.1.doc；

CGM-v1-SRS-1.2.doc；

CGM-v1-信息控制子系统-验收测试计划-2.0.doc。

工作计划命名格式:[XX 部]-ZZ 项目-YYYYMMDD。

XX 部:公司组织结构中的部门名称,ZZ 项目:公司正式立项的项目名称,YYYY 为年, MM 为月,日期为计划开始的日期。

例如:工作计划-CAS 部-EHR 项目-20150917。

工作周报命名格式:[XX 部]-ZZ 项目-NN-YYYYMMDD。

NN 为填写工作周报的人

例如:工作周报-CAS 部-EHR 项目-李平-20150917。

会议纪要命名格式：[XX 部]-ZZ 项目-会议类型-YYYYMMDD-会议主题。

会议类型：如周会议，技术讨论会等。

例如：会议纪要-CAS 部-工作会议 – 20150917-下周工作。

2）软件源

为程序、表单、HTML、类或映像指定具有描述性的名字。使用项的默认扩展名，例如，. bas 是 Visual Basic 源文件，. html 是 HTML 文件，. htx 是 HTML 模板。

4. 版本编号

下面是对配置项版本进行编号要遵守的标准：

起草版本的编号为 $0.1, 0.2, 0.3, \cdots, 0.10$。

版本编号可以根据项目需要延伸到若干层，例如 $0.1, 0.1.1, 0.1.1.1$。

文件版本得以确认后，版本编号应该始自 1.0。

版本编号不断变化为 $1.0, 1.1, 1.2, \cdots, 1.10$。

项目可以根据需要将版本编号晋升为 $2.0, 2.1, 2.2$ 等。

5. 配置库目录结构

配置库结构。

第一级	第二级	第三级	第四级	说　明
管理类文档				
	PM			项目管理
		Init		初始阶段
			项目任务书	说明存储的位置
			可行性研究报告	说明存储的位置
		Plan		计划阶段
			项目计划	说明存储的位置
		⋮	⋮	⋮
	QA			质量保证管理
		QA plan		质量保证计划阶段
			质量保证计划书	说明存储的位置
		⋮	⋮	⋮
	SCM			配置管理
		SCM plan		配置管理计划阶段
			配置管理计划书	说明存储的位置
		⋮	⋮	⋮

续表

第一级	第二级	第三级	第四级	说　明
产品类文档				内容简介及说明产品存储的位置
	Req			需求阶段
		CRS		客户需求
		SRS		需求分析文档
		RT		需求跟踪
	Des			设计阶段
		SAD		概要设计
		DBD		数据库设计
	IMP			实现阶段
		模块名		模块
			代码说明	代码
			详细设计书	详细设计
			概要设计书	概要设计
			单元测试报告	单元测试
			⋮	⋮
	TEST			测试阶段
		INTEG　TEST		集成测试阶段
			集成模块说明	
		SYS TEST		系统测试阶段
			系统测试报告	
		⋮	⋮	⋮
	ACCEPTANCE AND DELIVERY			系统提交和维护阶段
			相关文档资料	
	⋮	⋮	⋮	⋮
OTHERS				其他

　　说明：在最上层将配置项分为管理类和产品类；管理类中的项目管理部分基本是按照初始—计划—执行—收尾四个阶段来划分的。在项目产品类别中，按照需求—设计—实现—测试4个阶段划分目录。在实现阶段，为每个模块划分了代码、详细设计、概要设计和单元测试4个目录。

E.2 软件修改报告

所属项目		编号	
主题		操作系统环境	
项目开发部门		提交日期	

修改内容具体描述：

修改原因：	修改类型： （　）需求 （　）设计 （　）代 码 （　）开发过程 （　）文档

修改后描述：

被改变的文档资料：	被改变的接口设计：	被改变的模块：

修改评估人：		评估复审人：	
CCB 审核：	（　）同意　　　（　）不同意		
CCB 审核人：			

附 录 F

单元测试报告文档模板

填表日期：_____ 　　　　　编号：_____

开发项目名称		开发项目编号		第一责任人	
单元名称	责任人		单元所属子系统		开发周期

代码测试检查：

代码测试内容	测试人员	测试结果	备注
路径测试			
声明测试			
循环测试			
边界测试			
接口测试			
界面测试			
数据确认测试			
代码走查			

功能测试：

序号	功能名称	操作方法	结果	建议	测试人员	备注

测试结论			
责任人		项目第一责任人	
审核			
项目组		测试组	

附 录 G

项目管理文档模板

G.1 风险列表

风　险	风险描述及 其原因	影响 概率	影响严重度	风险控制 计划
项目定义 不明确	没有明确的成功标准，使项目随意性太大			
规模超过 实际工程 能力	规模展开过大，超过最大开发能力。在估算失误的情况下安排计划导致后期时间紧迫，项目进度无法控制 (1) 需求或制定目标很高，但缺乏基础。比如需要具有高可靠、可扩展、跨平台、可伸缩等很高的要求。或产品处理的数据量及产品的用户数很大，需要很高的效率。在基础较差的情况下，所需工程规模太大 (2) 没有正确估算工程规模		进度：严重	规模风险
项目时间 太紧	时间估计过于紧张，项目压力太大，可能导致降低目标及质量要求 (1) 因为商业目的而制订了较短的工期 (2) 项目启动太晚 (3) 项目初期缺乏紧迫感，组织不力		支持：严重	进度风险

续表

风　　险	风险描述及 其原因	影响 概率	影响严重度	风险控制 计划
项目后期需求 频繁变动	需求变动,特别是后期的频繁或重大变动导致产品不稳定,加大工作量,影响进度,引入质量下降的隐患 (1) 因为客户需求模糊或未能正确理解需求 (2) 随着项目进展,系统使用环境发生变化导致需求变化 (3) 客户人员变动		进度:严重 成本:严重 支持:严重	需求变动风险
管理能力不足	项目组因为管理力量不足造成效率损耗,不能发挥完全的效率 (1) 管理人员缺乏较强的管理能力 (2) 缺乏工程管理和工程指导 (3) 管理人员陷入技术事务		进度:严重 成本:严重 支持:严重	管理风险
人员变动	因为人员变动造成任务的中断、交接,新人培训等需要牵扯大量精力,导致时间和精力分散,且重要人员较难找到合适的替代人选 (1) 工作环境恶劣、项目缺乏吸引力、报酬不公平等原因造成的人员离职 (2) 管理不善造成人员离职 (3) 人员能力不足或无法管理被清退 (4) 因为公司人力缺乏造成人员调用 (5) 人员另有其他优先级更高的任务(如维护任务等)而临时离开。		进度:严重	人力资源风险
客户不配合	因为客户的不配合可能导致许多任务被拖延,不能被协调 (1) 客户缺乏相应的能力 (2) 没有客户高层管理者支持和协调 (3) 与客户的关系较差		进度:严重 支持:严重	客户风险
缺乏软件过程 说明和指导	没有进行工程化开发的依据,较难按先进的工程开发模式开发软件		支持:严重	过程风险
缺乏按工程标 准开发的习惯 和能力			支持:严重	过程风险
人员缺乏经验	人员缺乏经验,则缺乏真正的开发力量 (1) 技术太新,理解掌握的人员太少 (2) 学习培训的机会太少		进度:严重	人力资源风险
技术过于复杂 而无法达到 目标	技术目标无法达到的风险 (1) 对采用的技术缺乏深刻了解 (2) 缺乏技术支持		支持:严重	技术风险
预算不足	缺乏预算或人力资源保证,甚至不作为项目启动		进度:严重	支持风险

风　险	风险描述及 其原因	影响 概率	影响严重度	风险控制 计划
缺乏高层管理支持	缺乏高级管理层的理解、认可和支持。可能导致项目资源得不到保障,开发组心理上因为得不到重视而难以激发工作热情 (1) 耗费资源太大 (2) 效益不明显 (3) 缺乏有效的沟通		进度:严重	支持风险
关键人员冲突影响整个项目	如果核心关键人员因各种原因产生严重分歧及冲突,将严重影响项目,致使项目无法正常协调,还会严重影响开发组的团结及凝聚力 (1) 不合理的组织或人事安排 (2) 缺乏协同工作的规程 (3) 缺乏合作素质		进度:严重	协调风险
关键人员敷衍了事	核心关键人员不积极,敷衍了事 (1) 责权不明确 (2) 人事安排不当 (3) 缺乏定义明确的目标及任务		进度:严重	协调风险
产品缺乏竞争力	所做产品缺乏竞争力 (1) 缺乏竞争卖点,缺乏新概念 (2) 缺乏创新,缺乏趋势分析 (3) 缺乏用户的深层次需求分析			商业风险
产品策略风险	所做产品不符合企业整体策略 (1) 产品对公司的作用不明确 (2) 没有从长期考虑产品发展策略			策略风险
缺乏沟通,问题得不到及时反映和解决。	缺乏必要的沟通,使许多问题得不到及时的反映和解决, (1) 企业没有建立完善的沟通渠道,而较原始的沟通方法不适合某些需要 (2) 没有形成沟通的意识,意见及问题沟通不畅而通过其他不良的方法去表达			沟通风险
工作环境恶劣	缺乏良好的工作环境,对工作效率影响较大 (1) 环境约束 (2) 对工作环境缺乏足够的重视 (3) 对员工关心不够 (4) 员工长期出差在外			效率风险
缺乏人力	缺乏人力资源及优秀的人员 (1) 培训不足 (2) 项目过多,人力分散 (3) 缺乏人力资源计划,人员使用不合理			人力资源风险
⋮				

G.2 周报

项目组报告

项目名称		项目编号	
填表人		报告日期	
报告周期从		报告周期到	

1. 当前阶段工作情况

描述本周工作进展。

2. 下阶段工作任务

描述下周预计完成的工作。

3. 下阶段需配合的工作

描述完成下周的工作需要其他部门或人员配合的事项。

4. 项目阶段进度

（1）当前阶段项目完成进度。

任 务	计划开始时间	计划结束时间	进 度	备 注

（2）下阶段项目计划完成进度。

任 务	计划开始时间	计划结束时间	进 度	备 注

5. 存在问题/风险

（1）当前阶段问题解决情况。

序号	问题描述	解决情况	提出时间	解决时间	备　注

（2）下阶段待解决问题。

序号	问题描述	待解决情况	提出时间	计划解决时间	备　注

6. 关键事件

日　　期	事　件　描　述

7. 其他说明

附 录 H

质量保证文档模板

H.1 质量保证计划

1. 目标

概述此质量保证计划的目标。

2. 范围

概述项目中要执行的质量保证活动和时间。

3. 角色和职责

角 色	职 责
项目经理	保证安排好项目的 SQA 活动的时间表和 SQA 资源足够和可用，当 SQA 成员或 SQA 经理报告差异的时候要执行纠正行动
SQA 经理	保证 SQA 过程紧跟项目计划；帮助项目经理制订项目 SQA 计划；领导 SQA 评审和审计；向项目经理和高级管理者报告差异
SQA 成员	计划 SQA 活动和执行项目的评审和审计

4. 质量目标

这里列出产品要达到的适当的可测量的质量目标。

5. 组织机构

描述质量保证所依赖的组织机构，包括：

（1）附属于 QA 的每个组织元素；

（2）委托的职责；

（3）汇报的关系；

（4）确定产品发布的组织元素；

（5）批准 QA 计划的组织元素；

（6）组织元素之间发生冲突的解决方法。

6. SQA 上报链

SQA 代表如果遇到不可解决的问题可以向 SQA 经理上报，SQA 经理如果认为问题严重可以再向高级管理层上报。

7. 任务和职责

这里描述项目将执行的各个 QA 任务，并指出它们怎样与项目中的主要和次要的里程碑实现同步。定义下列活动的职责是重要的：

（1）坚决贯彻执行质量体系，特别是项目的质量保证计划；

（2）从活动的初始，防止产品偏差的发生；

（3）确认并记录所有发生的产品质量问题；

（4）分析质量问题，找出问题出现的原因，并确定纠错行动；

（5）在指定的阶段预防或解决质量问题；

（6）验证要执行的解决方案；

（7）控制不一致的产品直到被纠正。

8. 标准和基线

应至少包括以下文档：

（1）文档规范；

（2）设计规范；

（3）编码规则；

（4）注释规范。

9. 量度

描述项目中捕捉到的产品、过程中的量度。

10. 评审和审计

在项目中执行评审和审计，建议至少包含下列几项：

（1）软件需求评审；

（2）初步设计评审；

（3）关键设计评审；

（4）软件验证和确认计划评审；

（5）功能审计（检验所有在软件需求中出现的需求）；

（6）物理审计（检验软件和文档是否完整）；

（7）过程审计（检验产品与软件设计的一致性）；

（8）过程改进评估；

（9）管理评审；

（10）软件配置管理计划评审。

11. 问题的解决和纠错活动

这里描述如何报告和处理 QA 活动中发现的问题。

12. 质量记录

描述包含在项目中的各种质量记录,包括每种类型的记录怎样保存、保存在何处、保存多久。

H.2　SQA 汇总报告

阶段时间		报告日期									
报告人											

1. 项目偏差状态

项目名称	当前阶段				上一阶段				下阶段计划评审次数	总　计	
	评审次数	新的偏差	已关闭的偏差	未关闭的偏差	评审次数	新的偏差	已关闭的偏差	未关闭的偏差		评审次数	偏差数量

2. 过程豁免

项目名称	豁免号	注　释	豁免数量总计

3. SQA 里程碑

项目名称	当前阶段的里程碑			下阶段计划应达到里程碑数	里程碑总计		
	应达到的数量	符合进度数量	不符合进度数量		应达到的	符合进度的	不符合进度的

4. SQA 资源状态

项目名称	SQA 代表	本阶段工作量/h	项目 SQA 工作量合计/h

5. SQA 对公司项目的整体评价

H.3　SQA 每周报告

项目名称			
报告周		报告日期	
报告人			

1. 本周的 SQA 活动

WBS 编号	说明	结果	实际工作量	预期工作量	工作量总计

2. 偏差状态

评审/审计次数	新的偏差数	已关闭的偏差数	未关闭的偏差数	逾期的偏差数	偏差数合计	下阶段计划评审数	偏差数量总计

3. 过程豁免

豁免号	注　释	豁免数量总计

4. 里程碑

应达到的里程碑	达到的里程碑	未达到的里程碑	不符合进度的里程碑总计	符合进度的里程碑总计	下阶段计划应达到的里程碑数量	应达到的里程碑总计

5. 项目管理/开发活动建议

项目问题描述	活动建议

H.4 SQA 偏差报告

报告编号		报告状态	
报告人		报告日期	

评审主题		项目名称	
项目经理		项目阶段	

条目	偏差描述	负责人
建议		

纠正活动	预期时间	

关闭日期			
评审人		评审日期	
确认人		确认日期	

附 录 I

软件文档评分标准

	专业水平	期望水平	可接受水平	问题文档
文档整体外观	～运用模板时未发现错误。 ～扉页和目录内容完整、正确且无页码。 ～文档介绍应位于第一页。 ～所有表格和图应有标题并在文中有引用	～运用模板时只有少量错误并且不影响文档整体外观 ～个别特殊格式应用了手动而非使用规定样式 ～标题页和表格内容有少量格式错误	～应用了不一致或不合适的模板 ～在扉页上出现了页码 ～扉页不完整	～未应用模板 ～扉页不正确
软件工程图表	～易理解 ～运用标准图表格式 ～运用抽象方式展示细节	～偶尔运用非标准的标记或符号 ～未运用抽象方式展示细节	～难以理解 ～不完整 ～符号的不一致	～未包含图表 ～错误图表
拼写与语法	～无拼写错误 ～无语法错误 ～标点符号（包括逗号、冒号、分号）使用正确、恰当	～拼写基本正确 ～句号和大写字母的运用基本正确 ～逗号和其他标点符号的运用有少量错误	～大量拼写错误 ～频繁的标点误用 ～大写字母运用错误	～拼写或语法错误影响到了理解 ～标点符号运用不够或缺失

续表

	专业水平	期望水平	可接受水平	问题文档
段落整体性和连贯性	～所有段落以一个切题的中心句开头 ～所有段落有三到五句话 ～段落集中于一个主题,以显示整体性 ～一个段落自然过渡到另一个段落,以体现连贯性	～大多数段落以切题的中心句开头 ～偶尔出现太短(少于两句或更少)或太长(多于6句)的段落 ～段落基本围绕一个主题有逻辑地联系在一起 ～句间可运用更多连接词来使其更顺畅	～许多段落无中心句 ～段落中的句子松散连接 ～频繁使用过短(少于两句或更少)或过长(多于6句)的段落 ～段落中句间关系没有逻辑,不顺畅	段落中的句子支离破碎,脱节,彼此无联系
段落和每部分之间的衔接	～每节的结构和标题清晰并组织得很好 ～子节运用恰当,能达到组织材料的目的 ～每节的开头有介绍性的评论 ～子节的长度基本上有1～4个段落	～运用较多的子节帮助组织材料 ～有些子节仅包含了一句话或语言碎片	～每节开头无介绍性评论(起归纳和预测下文的作用) ～基本上每一段就是一个子节 ～许多子节仅包含一句话或语言碎片	不合逻辑地使用或缺乏使用节和子节,从而严重影响了文档的可读性
书写的清晰度和准确度	词汇运用准确	～运用的词汇可以接受 ～词汇适合目标读者	～选择的词汇或句子偶尔会有歧义 ～词汇堆积冗余	～错误的词汇选择 ～内容难以理解

专业水平:90—100;

期望水平:80—89;

可接受水平:79—70;

问题文档:69 及以下。

参 考 文 献

[1] 张海藩.软件工程导论.5 版.北京：清华大学出版社,2013.

[2] 林·巴斯.软件构架实践.车立红译.北京：清华大学出版社,2004.

[3] GB-T8567-2006.计算机软件文档编制规范.

[4] GB-T8567-1988.计算机软件文档编制规范.

图 书 资 源 支 持

感谢您一直以来对清华版图书的支持和爱护。为了配合本书的使用，本书提供配套的素材，有需求的用户请到清华大学出版社主页（http://www.tup.com.cn）上查询和下载，也可以拨打电话或发送电子邮件咨询。

如果您在使用本书的过程中遇到了什么问题，或者有相关图书出版计划，也请您发邮件告诉我们，以便我们更好地为您服务。

我们的联系方式：

地　　址：北京海淀区双清路学研大厦 A 座 707

邮　　编：100084

电　　话：010－62770175－4604

资源下载：http://www.tup.com.cn

电子邮件：weijj@tup.tsinghua.edu.cn

QQ：883604（请写明您的单位和姓名）

用微信扫一扫右边的二维码，即可关注清华大学出版社公众号"书圈"。

扫一扫
资源下载、样书申请
新书推荐、技术交流